# 心想事成的秘密

## 十三项法则，帮你实现人生小目标

[美] 拿破仑 · 希尔 著
曹 俊 刘志则 译

图书在版编目（CIP）数据

心想事成的秘密 /（美）拿破仑·希尔著；刘志则，曹俊译 . -- 北京：北京联合出版公司，2016.9
ISBN 978-7-5502-8631-3

Ⅰ . ①心… Ⅱ . ①拿… ②刘… ③曹… Ⅲ . ①成功心理 - 通俗读物 Ⅳ . ① B848.4-49

中国版本图书馆 CIP 数据核字 (2016) 第 224583 号

心想事成的秘密

总 策 划｜刘志则
著　　者｜拿破仑·希尔
译　　者｜曹　俊　刘志则
监　　制｜李广顺
责任编辑｜喻　静
策划编辑｜张艳玲
装帧设计｜赵云蛟
版式设计｜欧阳宁
营销推广｜周莹莹
出版发行｜北京联合出版公司
北京市西城区德外大街 83 号楼 9 层
邮编：100088
经　　销｜新华书店
印　　刷｜艺堂印刷（天津）有限公司
开　　本｜710mm × 1000mm　1/16
印　　张｜15
字　　数｜198 千字
版　　次｜2016 年 11 月第 1 版　2021 年 11 月第 2 次印刷
书　　号｜ISBN 978-7-5502-8631-3
定　　价｜39.00 元

目录 Contents


自 序

第1章 心想才能事成

靠“意念”成为爱迪生事业伙伴的人 ____ 1

发明家与“流浪汉” 3

机会的狡猾伪装 4

功亏一篑 5

“别人的拒绝不会让我放弃” 6

5 毛钱的故事 7

一个孩子的神奇力量 8

只需一个正确观念 10

“不可能”成功的福特 V–8 11

为什么你是“自己命运的主宰者” 12

改变命运的原则 13

第2章 欲 望

所有成功的起点——致富第一步 ____ 15

破釜沉舟的人 17

燃烧的欲望 18

使意念变成财富的 6 个步骤　19
把自己想象成百万富翁　20
伟大梦想的力量　21
让梦想起飞　22
不可能的事实现了　24
改变一生的意外　25
6 分钱赢得新世界　26
耳聋的孩子听见了　27
产生奇迹的思想　28
意志的力量　29

**第3章　信 心**

**自信心——致富第二步　31**

如何培养信心　33
没人“注定”一生倒霉　34
自我暗示引发信心　35
神奇的自我暗示　36
自信心公式　37
消极思想的灾难　38
沉睡的天赋　40
构想创造财富经　41
宴后一次演说，价值 10 亿美元　42
财富始于意念　47

**第4章　自我暗示**
**影响潜意识的媒介——致富第三步　49**

想象握有财富的感觉　51
提高专注力　52
刺激潜意识的 3 个步骤　54
心灵力量的秘诀　55

**第5章　专业知识**
**个人的经验或见解——致富第四步　57**

富有的“无知”者　59
你能得到自己需要的任何知识　61
了解获取知识的途径　61
争相礼聘的人才　62
“实习制度”的提议　63
收款的教训　64
专业知识的道路　65
创造财富的简单构想　66
使你能获得一个理想工作的计划　67
未必从最底层开始做起　68
让不满成为一种力量　69
同事是宝贵资源　70
靠专门知识可使创意有收获　70

**第6章　想象力**

**智慧的工厂——致富第五步 ＿＿ 73**

两种想象力　75

训练想象力　76

致富法则　77

如何使用想象力　78

魔法壶　78

如果我有百万美元　80

构想如何变成金钱　83

**第7章　精心策划**

**化欲望为行动——致富第六步 ＿＿ 85**

第一个计划失败——再制订一个　88

规划个人服务的推销　89

英雄不怕出身低　89

成为领导的条件　90

领导失败的 10 大原因　91

需要“新领导”的富饶领域　93

应聘职位的时机和方法　94

简介中应该列入的内容　95

如何得到理想的职位　97

销售服务的新方式　98

你的“QQS”评价如何　100
服务的资本价值　101
失败的 31 项主要原因　102
你知道自己的价值吗　106
自我分析　107
致富的机会　109

**第8章　决 心**
**克服拖延——致富第七步　111**

如何果断决策　113
要自由还是死亡　114
56 位冒绞刑之险者　115
组建智囊团　116
改变历史的决定　117
最重大的书面决定　119
有所想，才能有所得　121

**第9章　毅 力**
**坚持不懈是信心的源泉——致富第八步　123**

测试你的毅力　125
你有“金钱意识”还是“贫穷意识”　126

如何从你的精神懒惰中“惊醒” 127

把失败踩在脚下 128

你能够培养你的毅力 129

评估自己的毅力 130

假如你怕批评 132

机遇可以定做 133

培养毅力的 4 个步骤 134

如何克服困难 135

**第10章 智囊团的力量**

**驱动力——致富第九步 137**

通过“智囊团”获得力量 140

如何增长智慧 141

积极情感的力量 143

**第11章 性欲转换的奥秘**

**正确运用性的力量——致富第十步 145**

成就和经过高度发展之性特质的关系 148

10 种心理刺激物 148

“天才”是通过第六感培养出来的 150

灵感来自何处 150

培养创造力 151

发明家如何有好点子 152

天才的工作方法也适用于你 152

性的驱动力 153

为何成功总在 40 岁以后 155

最强大的心灵刺激物 156

个人魅力的宝库 157

关于性有害个性之误说 158

40 岁以后的成功 159

开启情感动力 160

真爱永不可能完全失去 162

妻子可以成就男人也可以毁灭男人 163

没有女性的财富毫无价值 164

**第12章 潜意识**

**串联的环节——致富第十一步 165**

如何激发潜意识的创造力 167

如何利用积极情绪 169

有效祷告的秘密 170

**第13章 大 脑**

**应用头脑——致富第十二步 173**

神奇的大脑 176

什么是“心灵感应” 177

如何在合作中心领神会 178

## 第14章 第六感

**通往智慧殿堂之门——致富第十三步 181**

第六感的奇迹 183

让伟人塑造你的人生 184

通过自我暗示塑造个性 185

想象力的惊人力量 186

开启灵感的源泉 187

缓慢增长的强大力量 188

## 第15章 6种恐惧

**剖析自我，找出成功路上的“拦路虎” 191**

6 种基本恐惧 193

恐惧贫穷 195

最具破坏性的恐惧 196

恐惧贫穷的症状 197

金钱万能 198

恐惧批评 200

恐惧批评的症状 202

恐惧病痛　203
恐惧病痛的症状　204
恐惧失去爱情　205
恐惧失去爱情的症状　206
恐惧年老　206
恐惧年老的症状　207
恐惧死亡　208
恐惧死亡的症状　209
忧 虑　209
破坏性思想的灾害　211
魔鬼的工作室　212
如何保护自己不受消极因素的影响　213
你唯一能绝对掌控的东西　217
55 种常用的“假如”托词　218

# 自 序

《心想事成的秘密》的每章都提到了致富的秘诀。经过长年累月的仔细观察，我发现这条秘诀是可靠的，因为它已经使数百万人获得了惊人的财富。

早在50多年前，钢铁大王安德鲁·卡内基就让我注意到了这个秘诀。那时候我还是个孩子，这位精明可爱的苏格兰老人就在我没有察觉的时候，将这个秘诀植入了我的大脑。当时他靠在椅子后背上，用愉悦的眼神看着我，仔细观察我是否具有足够的智慧了解其话语的全部内涵。

当他看出我掌握了他表达的思想时，于是问我是否愿意花20年的时间将这个奥秘传播出去，让其他人知道这个奥秘，让更多的人一生都过上富足的生活。我郑重承诺："我愿意。"然后，在卡内基先生的帮助下，我信守了我的承诺。

本书中的秘诀经得起成千上万人经验的检验，参与实验的对象几乎遍布各行各业。卡内基先生认为，应该让那些没有时间研究致富方式的人，研究这个给他带来巨大财富的神奇奥秘。他希望我能通过各行业人士的经验来证明这个奥秘历久不衰。他认为，所有的大学和公立学校都应该讲授这个秘诀。他认为，如果讲授得法，它将给整个教育制度带来一场革新，至少使学校教育的时间减少一半以上。

在第三章中，你会读到一个令人震惊的故事：一个年轻人竟然构思出庞大的美国钢铁公司，而且他还使这个构想付诸实践。他也是验证卡内基先生的秘方，相信"任何准备接受这个秘密的人都取得效果"的人之一。在查尔斯·施瓦布先生的实践中，这个技巧为他获得了大约6亿美元的财富。

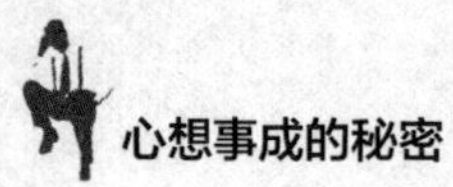


这些事实——几乎所有认识卡内基先生的人都知道——给读者一个明确的概念：只要阅读本书就会获益，前提是你一定要了解“自己真正想要什么”。

正如卡内基先生所想，千千万万人得到了这个秘密，他们都使用这项秘密并获得了收益。有的人成功过上了和谐的家庭生活，有的人发财致富了。通过运用这项秘密，有人甚至得到了工作，每年的薪水高达 7.5 万美元（19 世纪 30 年代）。

阿瑟·那什，一位辛辛那提裁缝，曾用他几近破产的买卖当作验证这个秘密的“试验鼠”，最终不但他的事业峰回路转，而且他还赚得巨大的财富。如今，虽然那什先生已经过世，但他的事业仍然生机勃勃，这个奇迹具有代表意义，报纸杂志给它极高的赞誉，认为这项试验的价值至少为 100 万美元。

得克萨斯州达拉斯的斯图亚特·奥斯汀·威尔得知了这个秘密。他表示非常赞同，竟然下定决心放弃了原来的专业，改学法律。他成功了吗？这本书将为你揭晓答案。

我曾经就职的拉萨尔函授大学起初名不见经传，我当时担任广告部的经理，因职务之便见证了 J.G. 卓别林校长运用这个技巧，使拉萨尔大学跻身于美国优秀函授大学之列。

在本书中，我几百次提到了这项秘诀。但关于这项秘诀的名称，直到现在都没有提及，因为仅将事实摆在眼前，但你要是不需要它，就根本不会接受，我希望那些愿意相信并且寻找它的人，能够理解其中的含义，这样才能为自己所用。正因为如此，当年卡内基先生并没有说具体的名字，就在无声无息中把这个秘密告诉我了。

如果你准备使用这项秘诀，那么不管在哪一章，你都会找到它。如果你想知道这是什么秘诀，我会非常高兴地告诉你，但如果你愿意在阅读中去发掘的话，你将体会到更多的趣味。

假如你曾经沮丧；假如你曾经生活落魄，但又不能克服这些障碍；假如你的努力以失败告终；假如你曾经害怕身体的痛苦和疾病——那么，从我儿子发现和验证卡内基的故事中，你都可以找到你生活中希望的曙光。

在第一次世界大战中，伍德罗·威尔逊广泛应用了这个秘诀。士兵赴前线前所受的训练中就隐藏着这个秘诀，所有的士兵都接受了它的指导。威尔逊总统告诉我，这个秘诀在募集战争经费时，发挥了强大作用。

这个秘诀的特别之处是，只要掌握并使用它，就必然一路走向成功。如果你对此有所怀疑，请从用过此道的人中着手研究，研究他们的经历，你一定会信服。

不过，这世间绝对不存在不劳而获的事。

虽然我提及的秘诀物超所值，但你得付出代价才能得到。无意找寻它的人，花再多的钱也找不到。它非金钱所能买到，也无法馈赠，原因是它分为两部分，而准备接受这个技巧的人，本身就已经得到了其中之一。

对于做好准备接受这个秘诀的人来说，该秘诀是公平的，它与教育程度无关。在我还没有出生的时候，托马斯·A. 爱迪生就拥有了这项秘诀，虽然爱迪生只接受了 3 个月的教育，但通过合理地使用该秘诀，他成为世界上首屈一指的发明家。

得到这个秘诀的人还有爱迪生的事业伙伴埃德温·C. 巴恩斯。

巴恩斯的年收入只有 1.2 万美元，但他有效地使用了此秘诀，累积了一大笔的财富，且在正年轻力壮的时候急流勇退。对于这个故事，我们已经在第 1 章就提到了。这个应用的例子应该能说服你，财富并不是可望而不可即的。你应该会知道你能成为你想要成为的人。这个故事还告诉你，对于那些有毅力、有决心、有准备的人来说，金钱、名誉、地位和幸福早晚都会到他们手中。

我是如何得知这些的？读完本书前，你就会知道答案。对你来说，答案可能在第一章，也可能在最后一章。

应卡内基先生的要求，我进行了长达 20 年的研究工作，对数百位知名人士的成功经验进行了分析。他们中的很多人都承认，他们积累巨大财富的原因是应用了卡内基的秘密。这些人有：

亨利·福特

哈里斯·F.威廉斯

小威廉·里格利

弗兰克·冈萨拉斯博士

约翰·沃纳梅克

丹尼尔·威拉德

詹姆斯·J.希尔

金·吉列

乔治·S.派克

拉尔夫·A.威克斯

E.M.斯塔特勒

丹尼尔·T.莱特法官

亨利·L.多尔蒂

约翰·D.洛克菲勒

赛勒斯·H.K.柯蒂斯

托马斯·A.爱迪生

乔治·伊斯特曼

弗兰克·A.范德利普

查尔斯·M.施瓦布

F.W.伍尔沃斯

西奥多·罗斯福

罗伯特·A.多拉尔上校

约翰·W.戴维斯

爱德华·A.法林

艾伯特·哈伯德

阿瑟·那什

威尔伯·赖特

克拉伦斯·达罗

威廉·詹宁斯·布莱恩

戴维·斯达·乔丹博士

威廉·霍华德·塔夫特

斯图亚特·奥斯汀·威尔

J.奥杰恩·阿穆尔

伍德罗·威尔逊

朱利叶斯·罗森沃尔德

阿瑟·布里斯班

卢瑟·伯班克

弗兰克·克兰博士

爱德华·W.博克

弗兰克·A.芒西

乔治·M.亚历山大

艾伯特·H.加里

J.G.卓别林

约翰·佩特森

参议员詹宁斯·伦道夫

亚历山大·格雷厄姆·贝尔博士

埃德温·C.巴恩斯

在美国几百位著名人士中，这些人只是一部分。他们在财富和其他方面的成就都证明，在理解和应用了卡内基的秘密后，他们走上了人生的巅峰。我从来没有听说过谁在理解和应用了这个秘密以后，没有在自己的行业中取得辉煌成绩的例子。我也从来没听说过，哪个得到财富和地位的人，竟然根本不懂这个秘密。我们可以从这两项事实中得出一个结论：对于想要成就一番事业的人来说，这些秘诀传达的知识要比所谓的“教育”传授的知识更加重要。

究竟，何为教育？本书作出了详细解答。

如果你已经做好准备，那么我所说的这则秘诀就会跃然纸上，进入你的大脑！当它出现时，你一看就知道。无论是在第一章还是最后一章，只要它闪到你的眼前，就请你停下来，因为你人生中的重大转折可能就出现在这一刻。

在你阅读本书时，也请记住，这些内容不是虚假的故事，而是真真切切的事实，目的只有一个：传递普遍而伟大的真理。通过运用这个真理，任何相信它的人都知道“要做什么”和“怎样去做”！他们还会从书中得到刺激，以便立即行动。

在你还没开始读第 1 章时，我要提出一个小的建议，你可以把这条建议当作一条线索，用来寻找卡内基的秘密。我的建议是：意念是所有的成就、所有辛苦所得财富的源泉！如果你已经做好寻找财富的准备，那么你已经拥有了这个秘诀的一半。因此，在另一半触及你的心的那一瞬间，你一定能一眼就认出它来。

拿破仑 · 希尔

一九三七年

# 第 1 章
# 心想才能事成

## 靠“意念”成为爱迪生事业伙伴的人

“心想事成”这句话说得一点都没错。如果意念与特定目的、毅力和强烈的信念结合在一起，就能形成炽烈的欲望，当这几种力量结合起来的时候，意念的力量将无穷大。

埃德温·巴恩斯多年以前发现，“思考而致富”的事实是真实可行的。他的发现不是平白无故就形成的，他有一股强烈的欲望——想成为伟大的爱迪生事业伙伴，后来这种欲望一步一步发展起来了。

巴恩斯的一个主要特征是他的欲望，他不想给爱迪生打工，而是想和爱迪生一起开创事业。你要想更好地理解他的致富原则，可以认真研究巴恩斯将理想变为现实的故事。

巴恩斯的脑中第一次闪过这种欲望或者思想冲动时，他并不知道怎样去做。他面临两个困难：一是和爱迪生完全没交情；二是没有足够的钱买一张火车票到新泽西州奥兰治。

对大多数人来说，这两个困难足以让人退却，但巴恩斯的欲望非同一般。

## 发明家与“流浪汉”

他来到爱迪生的实验室，向这位发明家宣称，他是来和爱迪生合作的。数年后，爱迪生谈起他与巴恩斯初次见面的情形时说：“他如同一个普通的流浪汉一样在我面前站着，然而我从他的神情中看出，他对自己想要的东西非常执着。根据我多年与人交往的经验，我能深深感受到，当一个人强烈的渴求一件东西，甚至不惜付出任何代价得到它时，他一定会得到。我看得出来，他的决心非常坚定，不达目的决不放弃，所以我给了他所渴望得到的机会。我的判断没错，后来的事实就是证明。”

巴恩斯并不是靠着一个年轻人的外表，在爱迪生的办公室开始工作的，因为他的外表对他没有什么助益，其实他的意念才是最重要的。

在第一次会晤中，他只获准在爱迪生的办公室工作，而且薪水很低，而不是马上成为爱迪生的事业伙伴。

几个月过去了。巴恩斯并没有向着心中的明确目标迈进一步，但这都是表面现象，巴恩斯的头脑正在思考重要的东西，他想做爱迪生的商业合伙人，而且这个欲望日益强烈。

心理学家说："当一个人为一件事做了充分的准备时，他就一定会做成。"这个说法一点都没错。做爱迪生的事业伙伴是巴恩斯早就准备做的事，而且他决定只要这个愿望没有实现，他就绝不罢休。

他从未对自己说："唉，干这个有什么意思？我想我该做一个推销员，换个想法也不错。"恰恰相反，他对自己说："我就是为了和爱迪生合作才到这儿来的，我愿意用一辈子时间追求这个梦想。"原来他是真心想和爱迪生共事的。如果人们制订了一个明确的目标，并且一直坚定地走下去，那么他的人生将是完全与众不同的。

也许年轻的巴恩斯当时还不懂这个道理，但他坚持梦想的毅力、不屈不挠的决心，注定会铲除所有的障碍，并为他寻找机会。

## 机会的狡猾伪装

机会真是太过狡猾了，它以巴恩斯没有想到的形式和背景出现在他的面前。机会常常假装成"暂时的挫折"或"不幸"，从后门溜进来，许多人才看不出什么是机会，可能就是因为这一点吧！

事情是这样发生的：

爱迪生先生刚刚完成了一项发明，叫作"爱迪生口授机"。他的推销人员认为，不管付出多少努力推销，都不会有人买这种机器，所以他们都不热衷于这种机器的销售。巴恩斯看到自己的机会来了。这种奇怪的机器中隐藏着一个机会，没有人对它感兴趣，除了巴恩斯和它的发明者。

巴恩斯知道自己能卖出这台机器，他把这个想法告诉了爱迪生，并立即得到了机会。事实上他做得很成功，他果真卖出了机器。所以爱迪生和他签订了合同，让他负责全美的市场销售。通过与爱迪生的事业合作，巴恩斯赚到了一笔钱。“思考能致富”，巴恩斯用自己的真实经验证明了这一点。

我无从得知，巴恩斯最初的信念给他带来多少财富。也许他获得了两三百万美元的收入，但这些钱与他所获得的巨大资产相比，已经不重要了。这种知识财富就是：通过对已有规则的应用，无形的意念能够转化成有形的物质财富。

靠着自己的意念，巴恩斯与伟大的爱迪生成了合作伙伴，也就是说靠着自己的意念，他走上了致富的道路。

他算是白手起家，他知道自己要有坚持到底的意志，知道自己到底想要做什么。

## 功亏一篑

遭到暂时的失败和挫折就选择放弃，是最常见的失败原因之一。此类错误是很多人都曾犯过的。

那些日子曾有一股淘金热，达比的一位叔父也是如此，想到西部去发一笔财。其实，从地底挖出来的金矿，远远少于从人的思想中挖出的黄金，但他并不知道这一点。他带上镐头和铁锹，来到了他标示的那块地上。

干了几个星期以后，他终于发现需要用机器才能在矿场掘出金光闪闪的矿石。他悄悄地掩埋好矿区，循着来时的足迹，回到了马里兰州威廉斯堡的家中，将自己的发现告诉了亲朋好友。他们为了买采矿机都出了一笔钱，最后把机器装运上船。这位叔叔回矿场的时候，达比也跟着去了。

开采出的第一车矿石，都运到了提炼场，检验结果证明他们拥有了科罗拉多州最丰富的矿场之一。这样一来，想要偿还所有的债务也只需要再开采几车矿石，剩下的就都是他们自己的钱了。

开采工作继续进行，挖土机挖得越深，达比和叔父的希望越来越大。然而，金矿的矿脉消失了，事情可真怪！不会再有金子了，他们的美梦落空了。他们继续开掘，试图在绝望中找回矿脉，却没有成功。

最后，他们决定放弃。

他们将机器卖给一位旧货商，换到了几百美元，然后坐着火车回家了，一路上的心情都不爽。旧货商请一位采矿工程师，对那座废矿进行勘察，并作了一番计算。工程师指出，矿区主人不懂得“断层线”（伪脉）是开采失败的原因。根据工程师的计算，在距离达比家族放弃挖掘之处 3 英尺远的地方，才是他们真正要找的金矿！他们真的在那儿找到了，工程师说得没错。

旧货商知道在放弃之前得去找专家进行咨询，所以才从矿场的矿石中获利数百万美元。

## “别人的拒绝不会让我放弃”

这件事过后很久，达比先生发现欲望可以转化为财富，他赚回了几倍的收益，他的损失得到了弥补。在他从事销售人寿保险的生意时，他有了这一发现。

在距离黄金只有 3 英尺的地方放弃，最终与巨大的财富擦肩而过，达比时刻牢记这个教训。这对他以后所选的工作有很大的帮助。他告诉自己：“我曾在距黄金 3 英尺处放弃，但当我向客户推销保险时，我决不会放弃。”

当时，每年卖出寿险超过百万的非常少，而达比是其中之一。他认为在金矿开采事业中的失败给自己的教训非常深刻，他因此学会了坚持。

在成功来到之前，任何人都会踏到许多暂时的挫折或失败。放弃是一个人遭遇了失败时最容易做到而且最合逻辑的事。采取这种做法的人不在少数。

我们从全美 500 位成功人士的经历中得知，在自己失败的地方前进一步，是他们最大的成功。失败是狡猾的，它总是愿意讽刺人，它是个大骗子，每当人们即将胜利的时候，它就会把人绊倒。

## 5 毛钱的故事

达比从“挫折大学”毕业后，决定吸取开采金矿失败的教训，没多长时间机会来了，他亲历见证了“不”并不一定意味着“否”的意思。

达比的叔叔经营着一个大农场，农场上住着很多租田的农民。一天下午，达比在一座老式磨坊里帮叔叔磨面。这时候，门轻轻地打开了，一个黑人小孩走了进来，在门旁停了下来，她是一个黑人佃农的女儿。

达比的叔叔抬起头，看着那个孩子，不客气地对她吼道：“你想干吗？”

“妈妈说她要 5 毛钱。”小女孩柔声细语地说。

“我不会给她，”叔叔回答说，“你现在可以回家了。”

小姑娘站在那里没动，说道：“是，先生。”

小女孩没有离开，但达比的叔叔并没有注意到，他继续地忙着手上的工作。当他抬头看到小姑娘还没有离开的时候，便大声吼叫说：“快走，我说过让你回家，要不然我非用鞭子打你一顿。”

“是，先生。”小女孩说，但她还是一动没动。

达比的叔叔扔下准备倒进磨壳机的壳粒，拿起一根木棍朝小孩走去。

达比知道叔叔的脾气很不好，他被吓得不敢喘气，他感觉那个小女孩不被打一顿才怪呢！

当他叔叔就要走到小姑娘面前的时候，她快速地向前跨出一步，抬头直视叔叔的眼睛，尖声地叫着说：“我妈妈必须要那5毛钱！”

达比的叔叔止住了，看了她一会儿，慢慢地放下木板，伸手从兜里掏出5毛钱，交给了小女孩。

拿到钱以后，小女孩慢慢地走到了门口，她刚刚制服了一个男人，此时还一直盯着他看。小女孩的身影消失后，达比的叔叔坐在木箱上盯着窗外看，10分钟过去了，回想起刚才发生的事，他的心中升起一股敬畏之情。

达比当时也在思考。一个黑人小孩从容不迫地征服了一个成年白人，他还是第一次看见。她是怎么做到的？是什么让他的叔叔不再凶恶，变成了一只温顺的羔羊？这个孩子战胜了她的主人，她运用了哪种神奇的力量？达比的脑海中闪过此类问题，但是直到多年后他向我讲述这个故事时，他才找到答案。

达比的叔叔遭遇挫败的那座老磨坊，就是达比给我讲这个故事的地方，这真是一种巧合。

## 一个孩子的神奇力量

我们站在那间发霉的老磨坊里，达比先生又把那次特别的胜利讲了一遍。“你能解释这是怎么回事吗？那个孩子用什么神奇的力量，连我的叔叔都被她打败了？”

问题的答案就在本书讨论的原则中，这些答案完整而详细，里面有指导思想，也有细节，所有人都能够理解，并能够使用那个黑人女孩不经意间散发出来的力量。

保持专注，多加留心，你就会发现帮助那个孩子取得胜利的神奇力量。在下一章中，你会认识这种力量。你一定会在这本书的某个地方有所感悟，你的接受力因此而加速提高，你将使用这种不可抵抗的能量。或许在第一章中，也许是在接下来的某一章中，你会认识这种力量。它出现的形式可能是一个想法、一个计划，或是一个目的。它可能会令你再度回溯过去遭遇的挫折或失败，悟出某个教训，你将重新获得你在挫败中所失去的一切。

在我向达比先生解释黑人小孩不经意间使用的力量时，他很快想起做保险推销员的 30 年经历。他坦率地告诉我，他从那个孩子身上学到的经验，是他在这一行内成功的大部分原因。

达比先生指出:“每当一位潜在客户想打发我走，我都好像看到那个孩子站在那间老磨坊里，想到她坚定的目光。这时候我就告诉自己:‘我一定要做成这笔买卖。’我的很多保险都是在对方说了‘不’以后又卖出去的。”

他也回忆起在离黄金三尺之处放弃的错误。“那次经历是塞翁失马。它告诉我，无论遭遇多大的困难，都要坚持做下去。知道了这个道理，就能做成任何事。”

关于达比、他的叔父、小孩和金矿的故事，很多从事寿险推销的人都读过。作者想说，达比每年卖出 100 多万美元寿险的原因就在于这两次经历。

看起来，达比先生的经验非常简单，然而它们点出了他人生命运好歹的关键，因此，这些经验对他而言，就如生命本身一样的重要。他能从这两次戏剧性的经验中获利，是因为他“分析”这些经验，从而“发现”其所“暗藏”的教训。但是有的人没时间，也没有兴趣研究失败探索成功的奥秘，他们该如何做呢？他该从何处以及如何习得“将失败转化为掌握契机之踏脚石”的技巧呢？

本书回答了这些问题。

## 只需一个正确观念

这十三项原则中暗藏着答案。不过请不要忘记，阅读的时候要思考一个问题——生活为何如此奇妙，答案可能就在你的脑海里，因为它可能就是阅读中闪现在你脑海里的某种观念、计划或目的。

想获得成功最需要的就是正确的观念。书中所叙述的原则，涵盖创造有用的观念所需的方式和态度。

我们认为你应该看看以下重要的提示，然后再了解这些原则：

当财富到来的时候，它来得这么快，这么多，人们自然要怀疑，过去那些穷困的日子里，它们都躲到哪里去了？

这个说法让人惊讶，尤其是想到人们常说的只有努力工作、持之以恒的人才能致富时，就会感觉更诧异。

当你开始思考怎样一点一滴地累积财富时，你就会发现“财富其实始于一种意念”，一种明确的目的，另外还有一定的努力。你，还有其他每一个人，都应该很想知道如何能获得那种吸引财富的心境吧！我也很想知道“有钱人是如何拥有心境的”，所以我花了二十年时间来研究这个问题。

掌握了这一理念的原则后，仔细观察，并且开始按照要求运用这些原则，你的生活水平就会改善，你做的所有事情都会向着对你有利的方向发展，难道这是不可能的？这绝对是可能的。

人类的可悲之处，人类的主要弱点之一，就是一般人太熟悉“不可能”这个词。人们都知道哪些事情做不到，也知道哪些法则没有效果。本书就是写给那些寻求他人成功法则并愿意不惜一切去实践的人。

成功青睐于想着成功的人。

轻易地想着失败，就必然失败。

我们的目标是帮助所有寻求将失败意识变为成功意识的人，使得他们得到所需要的技巧。

大多数人还有另一个共同的特点，即依照“他们自己的”印象和信念考虑每件事和每个人。很多人的思想习惯于贫穷、匮乏、悲惨、失败和挫折，于是认定自己不可能思考，不可能获得财富。

看到这些不幸的人，我想起了一名中国人，他很优秀，来到美国接受美式教育，在芝加哥大学读书。有一天，哈博校长在校园遇见这位年轻的东方学生，便停下来和他闲谈，并问他美国人的哪些特点给他的印象最深刻。

“啊！”这位学生大声回答，“估计是偏见吧！你们很少正视一件事。”

关于这种说法，你的看法如何？

对于自己不懂的事物，我们都不愿承认。我们愚蠢地认为，自己的局限都是合情合理的。当然，因为其他人和我们并不一样，所以他们的眼睛也有偏差。

## “不可能”成功的福特 V-8

亨利·福特想要制造一个内置 8 个汽缸的引擎，他心中有这样的计划，于是让工程师进行设计。但是，设计图绘制出来后，工程师们都认为在一个引擎内放置 8 个汽缸是不可能的。

“不管怎么说，我都要设法把它生产出来。”福特说。

那了年底，福特来检查工作，得到的回复是“根本无法完成这个命令”。

“一直努力到成功为止，不管需要多少时间。”福特命令道。

工程师们着手工作了。对他们来说，这工作不干也得干，谁让他们还得留在这个公司呢！6个月过去了，没有任何进展。又过了6个月，还是没有任何进展。工程师们尝试了能够想到的每一种方案，但都没有成功，也就是说“不可能”。

到了年底，福特查核工程师们的进度，得到的回复仍然是“实在找不出执行命令的方案”。

“继续努力，”福特说，“我一定要拥有这样的引擎。”

他们只好硬着头皮做，于是，制造诀窍被发现了，这真是一个奇迹。

福特的决心又一次取得了胜利！

这个故事描述得可能不够详细，但主要内容和结果是正确的。如果你想要通过思考致富，不妨从中思索福特拥有亿万钱财的秘诀。你会发现它是真的，而且并不难。

福特了解并运用了成功的原则，所以才取得了成功。原则之一是欲望：知道你自己所要的是什么。你在阅读本书的时候，一定要记住这则福特的故事，如果你能掌握使福特致富的原则，如果你能践行这些原则，那么你就可以在你所从事的任何行业中获得足可和福特相媲美的成绩。

## 为什么你是“自己命运的主宰者”

亨利写下一句话：“我是自己灵魂的统帅，是自己命运的主宰者。”这个时候他应该告诉我们，我们是自己灵魂的统帅，是自己命运的主宰者，因为我们有能力掌握自己的思想。

他在提醒我们，意念操控着我们的行动，它能“磁化”我们的脑筋，脑筋被“磁化”以后，会吸引各种与我们意念相同的力量、人物和生活境况。

他在提醒我们，我们必须用取得财富的强烈欲望磁化大脑，必须用“金钱意识”武装自己，然后才能积累大笔财富，直到对金钱的欲望促使我们制订出取得金钱的确切计划。

但是亨利不是一位哲学家，而是一位诗人，所以他用诗的方式表达一个伟大的真理就已经感到满足，但是我们没有满足！

真理逐渐呈现出来。现在可以确定地说，本书描写的原则蕴含着掌握我们经济命运的奥秘。

## 改变命运的原则

现在让我们了解一下其中的第一个原则。要保持虚心好学的心态阅读本书，并且记住，这些原则不是某一个人的发明。这些原则已经在很多人身上得到验证，你也可以使用这些原则，而且必然长期受益。

几年前，我在维吉尼亚州塞伦市塞伦学院的毕业典礼上发表毕业致辞，我重点强调一个原则的重要性（下一章将讲到这个原则），甚至有一位毕业生下定决心要使用这个原则，使其成为自己人生哲学的一部分。后来，那位年轻人成为一名议员，而且是富兰克林·罗斯福总统内阁中重要的人物。他给我写了一封信，对于下一章将提到的原则，他清楚地表达了自己的意见，因此我决定下一章的引言就引用他写给我的信。

亲爱的拿破仑：

在当国会议员期间，我得到了一个洞察人性问题的机会，为了帮助那些应该得到帮助的人们，我决定在这封信中提出一项建议。

1922 年，你曾在塞伦学院发表毕业致辞，当时我是毕业班的一名学生。听了您的演讲后，我心中产生了一个想法，那个观念使我现在有机会服务国人，而且我相信我未来有所成绩的大部分原因就在这里。

当时的一幕幕还近在眼前，好像都是昨天发生的，我还记得你把亨利·福特的故事讲给大家听，你告诉我们福特是怎样的穷困潦倒，只接受了很少的教育，背景也不显赫，却在这种情况下走上了人生的巅峰。在您演讲的时候，我就暗暗下决心，一定要闯出一片自己的世界，不管前面有多少艰难险阻。

今天，在美国有成千上万的人们都乐于知道他们如何能将观念转化为财富，他们过去的损失将得到补偿。这些人必须从起跑线开始，他们没有财产的支援，我想只有您能帮助他们！

假如您要出版此书，希望发行后能让我立刻得到一册，而且希望上面有您的亲笔签名。

此致

诚挚的祝福

詹宁斯·伦道夫

1957 年，也就是那次演讲过了 35 年后，我又一次来到塞勒姆大学，带着愉快的心情在毕业典礼上致辞。那一次，我被授予荣誉文学博士学位。

在 1922 年那次演讲结束之后，我看着詹宁斯·伦道夫步步高升，成长为一名国内一流航空公司的高级经理人，来自弗吉尼亚州的国会议员和一位极具鼓舞力的伟大演说家。

只要是内心有想法，并且坚信自己想法的人，一定会实现愿望。

# 第 2 章
# 欲 望

所有成功的起点——致富第一步

大约在50多年前，埃德温·巴恩斯像个流浪汉一样，在新泽西州的奥兰治跳下货运火车，但他有着国王般的伟大志向！

他走出了车站，走在前往托马斯·爱迪生的办公室的路上。他想了一路，他仿佛看见、听见自己就站在爱迪生面前，请求爱迪生先生给自己一个机会，实现其生命中无法摆脱、缠绕于心的炙热欲望，那就是成为这位伟大发明家的事业合伙人。

其实，巴恩斯的欲望不是一种愿望，也不是一种希望，而是一种执着的的、激动人心的欲望。这种欲望的力量超过了一切，清楚而确切。

几年之后，巴恩斯再次站在爱迪生的面前，这间办公室就是他们第一次见面的地点，这一次他的欲望已经转变为事实：他和爱迪生成为了事业合伙人。支配他一生的理想终于变为现实了。

巴恩斯选择了确定的目标，并为实现这一目标付出了所有的努力，所以他成功了。

## 破釜沉舟的人

5年后，巴恩斯追寻的机会终于出现了。对于除了他自己以外的人来说，他不过是爱迪生事业车轮上的一个齿轮，但在他的内心中，从他和爱迪生一起工作的那一天起，他每时每刻都是爱迪生的事业合伙人。

这件与众不同的事证明了明确的欲望能产生力量。巴恩斯可以什么都不要，只要做爱迪生的合作人，所以他才实现了自己的愿望。他构想出一套计划，并借此达到了目的。他孤注一掷地坚持着自己的欲望，最终欲望变成了现实。

他去奥兰治的时候对自己说：“我要见到爱迪生，让他知道，我想成为他的事业合伙人。”而不是对自己说：“我要说服爱迪生给我一份工作。”

他没有说：“我要关注其他的机会，万一在爱迪生的企业中得不到我所要的工作，我将没有别的选择。”他只告诉自己：“和爱迪生在事业的合作，是我在这个世界上唯一决心想要的，我要把我的整个前途，倾注在我的能力上，去获得我想要的东西。”

他不给自己留下任何退路，不成功便成仁。

这就是巴恩斯成功的根本秘诀！

## 燃烧的欲望

历史上，一位伟大的战士在危难中作出了一个决定，并使得己方在这场战役中取得了胜利。他要指挥军队与敌人战斗，敌人占据了人数上的优势。他让士兵上了船，航行到敌国。士兵们下了船，卸下装备，他下令烧毁来时乘坐的船只。在第一次战役打响前，他对士兵们说：“你们看到了吧，船已被烧毁。如果我们失败，我们就不用想活着离开这里！现在我们已经无路可退——要么战胜，要么就是灭亡。”

最终他们取得了胜利。

不管从事什么事业，每个胜利的人，都必须烧掉他退回去的船只，切断所有退路。只有这样做，他才会保持那种强烈的求胜欲望，成功的根本要素就是这种力量。

在芝加哥大火后的第二天早晨，一群商人站在斯泰特大街，看着他们原来的店铺冒着烟，就要化为灰烬。他们开会决定是该重新开始，还是干脆离开芝加哥，到国内更有前途的地方开创事业。除了一个人以外，其他人都决定离开芝加哥。

决定留下重建的商人指着自己店铺的断壁颓垣说:“先生们，我要在这个地方建起世界上最繁华的商店，我的决心不会动摇，不管以后将发生多少次火灾。”

这件事大约发生在100年前。他的商店开业了，而且至今仍在那里，它像一座象征着一种心态的纪念碑，那就是燃烧的欲望。对于马歇尔·菲尔德来说，离开那里是最容易做到的，这一点和他的商人朋友一样。面对未来惨淡的处境时，那些商人选择了更容易的做法。

马歇尔·菲尔德与其他商人之间的不同决定了他们的成功与失败，我们要记住这点不同。

一个人只要到了明白金钱重要性的年纪，就都会希望得到它。愿望不能带来财富。但是如果内心有一种欲望，并把对财富的欲望变成一种坚定的追求，然后制订取得财富的明确方法，找到具体的道路，并以必胜的毅力做后盾，就一定能成功。

## 使意念变成财富的6个步骤

把追求财富的意念转化为金钱的方法，包括6个明确、具体的步骤:

(1)在心中定出所渴望的金钱的具体数值。只说“我想要有足够的钱”是不够的。数目要明确(这种明确性有其心理上的理由，后面的章节会有所说明)。

(2)确定自己有决心付出些什么代价才能达到追求的目标(不存在“不劳而获”的事情)。

(3)确定得到梦想中金钱的日期。

（4）拟订完成所希望目标所需的具体计划，无论做了怎样的心理准备都立即付诸行动。

（5）简要地记录下来以下几点：你要得到的财富的数量目标、达到目标的日期及为达到目标所愿付出的努力，以及如何取得这些财富的行动计划等。并写一份誓词类的声明督促自己。

（6）每天把这份清单读两遍，早晨起来读一遍，睡觉前读一遍。读的时候，让自己看到、感觉到并且相信已经拥有了那笔财富。

不管怎么说，你必须确实根据以上6个步骤所描述的各种指示去做，尤其是第6个步骤，这一步特别重要。你也许会埋怨，在你并未实际得到这些金钱之前，你不可能“看见自己有钱”，但这正是强烈的欲望所能为你提供的帮助。如果你真的极其“渴望”有钱，进而将你的这种欲望演变为念念不忘的欲望，你便没有任何困难地使自己“相信”你会得到它。如果得到这笔钱就是你的目标，那么只要不断强化你想获得这笔钱的决心，就会使你自己“相信”你一定会拥有它。

## 把自己想象成百万富翁

对于那些不了解人类内心活动规律的人，对那些尚未入门的人来说，也许这些做法看似没有实际价值。然而，如果我们对那些认识不到这6个步骤的重要性的人说，这6个步骤来自安德鲁·卡内基，那么或许对他们有所裨益。虽然卡内基本人出身贫寒，曾是钢铁厂的一名普通工人，但他正是利用这些原理，为自己创造了百万美元以上的财富。

另外，要知道这件事可能对你更有帮助。也就是此处所提的6个步骤，都是托马斯·爱迪生认真验证过的，他深切肯定这些是达成所有目标都必须具备的步骤，而不只是累积金钱所需的步骤。

这些步骤并不要求你牺牲自我，也不要求你“埋头苦干”。它们并不想把一个人变得滑稽和愚蠢。并不需要受过多么高深的教育，就可以应用这些步骤。只要你有足够的想象力，就能成功地应用这6个步骤。这种想象力，能使一个人洞察和了解到，财富的积累不依赖于运气和机会。所有积累了庞大财富的人，最初总是有一些希望、祈求、理想、欲望和计划，然后得到了财富。这一点一定要铭记于心。

读到这里，你一定非常清楚，如果没有对金钱的炙热欲望，并且真正相信自己能够得到财富，那么你永远不会拥有它。

## 伟大梦想的力量

我们一心追逐财富，那就更应该知道，我们生活的世界正在变化，这个世界需要新思想、新的领导者、新发明、新的行为方法、新的教学方式、新的营销方式、新书籍、新文学、新的电视特点和新的电影创意。一定要符合一个条件，才能得到更好、更新的事物，也就是明确的目的，知道自己想要什么，以及得到它强烈的欲望。

渴求积聚财富的人应该牢记，世上真正的领袖在机会出现前，就将未成型、不具体的力量加以利用和控制。他们将这些力量（或意念冲动）转化为高楼大厦、城市、工厂、汽车、飞机以及一切使生活舒适的设备。

如果你想要拥有一份属于自己的财富，就不要受任何人影响从而鄙视梦想家。必须学习过去那些伟大开拓者的精神，才能在这个变化的世界里成为大赢家。他们的精神是我们国家的生命血液，他们的梦想赋予文明应有的价值。

如果你渴望做的事是正当的，而且你对这件事非常肯定，那么就坚定而大胆地去做吧！去实现你的梦想吧！别人或许并不知道每次失败都会带来同等成功的种子，如果你遭遇到一时的失败，那么请不要在意别人的说法。

制造一盏电灯是爱迪生的梦想，而且他着手将这一梦想付诸行动。经历了一万多次失败后，他终于把梦想变成了现实。脚踏实地的梦想家不会轻易说放弃！

惠朗梦想开设一家烟草连锁店，他确实努力地经营下去了，现在联合烟草店遍及美国各大城市的重要街角。

怀特兄弟梦想制造一架能在空中飞行的机器，现在他们的伟大梦想带来的影响在全世界都能看见。

马可尼的梦想是找到一种利用电波传递信息的方法。他的梦想并非是痴人说梦，现在世界上的每个电台与电视台都能证明这是真的。你可能觉得这个故事很有趣，当马可尼宣布他发现了一个原理，并且根据这个原理，可以不通过电线或其他的物质为媒介在空中发出信息时，他的友人竟将他看管起来，并送他到精神病院去检查。相比于前人，今天的梦想家们的境遇已经好很多了。

世界上有数不尽的机会，过去的梦想家却没有发现。

## 让梦想起飞

梦想家起飞的起点是“想成为什么人”“想做什么事”的强烈欲望。梦想不会来自麻痹淡漠、游手好闲和得过且过。

我们都知道，一生有成就的人，在最开始的路上总是不顺利，而且总会经历许多心碎的挣扎，才能“实现目标”。那些成功者，其人生的转折点，通常会与某个危机同时出现，通过那些危机，他们认识了另一个“自己”。

因对宗教持不同观点被关进监狱的约翰·班扬，遭到了严刑拷打，后来写出了英国文学史上的佳作《天路历程》。

著名作家欧·亨利在遭遇了巨大的不幸，被关进俄亥俄州哥伦布市的监狱之后，终于发现自己在文学创作上具有很高的造诣。这段悲惨的经历让他认识了他的“另一个自我”，并动用他的想象力重新认识生活。他发现自己不是可悲的罪犯和歹徒，竟是位出色的作家。

查尔斯·狄更斯的第一份工作是往鞋油罐上贴标签。他深深地被初恋的失败刺痛了，但这让他成了世界上最伟大的作家之一。《大卫·科波菲尔》就是他在经历了爱情悲剧后写出的第一部作品，后来他又写出一系列作品，完善和丰富了读者的世界。

海伦·凯勒出生不久后，既聋又哑，虽然遭逢不幸，她的名字还是留在伟人史页上。她的一生证明：没有人能被打败，除非接受失败的现实。

罗伯特·彭斯是个大字不识的农民。他饱受贫穷之苦，长大后还成了酒徒。但是他用诗给思想披上了美丽的外衣，他拔掉了生活中的荆棘，种上了芳香的玫瑰，最终世界因他而变得更加美好。

弥尔顿是瞎子，贝多芬是聋子，但是他们的名字永垂不朽，因为他们都有自己的梦想，并将梦想转变为美丽的思想。

“想得到”和“准备接受”是不一样的。一个人只有相信自己能得到某物，才会做好接受它的准备。这种心态是信念，而不是希望或愿望。自我封闭不会激发信心、勇气和信念，只有胸襟宽广才会产生信念。

我们一定要记住，制定高远的人生目标，要求富足与成功，并不比接受不幸和贫穷艰难。一位伟大的诗人就曾通过以下的诗句，正确地表达出这个永恒不变的真理：

我向人生乞讨，
它不给我一分钱；
无论我在黑夜如何乞求，
我的收入还是少得可怜；
生命是一个公正的雇主，
你所求的它都会给。
它会按照你的要求付钱，
然而一旦酬劳谈好，
你就必须做应做的工作。
我的追求不高，
却惊讶地发现，
要想得到的更多，
人生也会乐于付给。

## 不可能的事实现了

本章写到这里，我想介绍一位我认识的最与众不同的人。他刚出生几分钟，我就见到他了。他出生时没有耳朵。当问及医生时，医生坦白地说，这个孩子可能一辈子都是聋子。我不赞同医生的意见。我是这孩子的父亲，所以我有这样做的权利。我当时作了一个决定，并且在酝酿一个想法，但在内心深处，我只能用沉默来表达。

我在内心深处认为，我儿子是一定可以听见和说话的。要怎么做呢？一定会有办法的，我对此非常相信。我也知道，我必然会找出办法。我想起埃默森永恒的名言：“宇宙万物运行之道，在教导人类信心的功课。人们只需服从，每一个人都会得到教导，通过谦虚的倾听，我们都将听到正确的信息。”

什么是正确的信息？欲望！对，就是它！我的儿子不会是聋子，我最大的欲望莫过于此。对于这个欲望，我从来没有过一秒钟的退缩。

我要做些什么呢？我要在儿子没有耳朵的情况下，想方设法刺激他的大脑，让他产生寻求方式方法的强烈欲望。

虽然我心里有这些想法，但我没告诉任何人。每天我都对自己重复承诺，也就是我的孩子不该是个聋哑人。

当儿子长大些的时候，开始能观察四周的事物，我们发现他的听力非常弱。同龄的孩子都已经说话了，他还没有想说话的迹象，但是从他的表现来看，他对一些声音是有反应的。这正是我希望得到肯定的事。我坚信，如果他还有一点点听力，那么就仍有可能拥有良好的听力。

后来，一场意外事件让我喜出望外。

## 改变一生的意外

我们买了一部留声机。儿子第一次听到音乐时就沉醉了，而且立即霸占了留声机。有一次，他曾经连续两个小时不间断地听一张唱片，一遍一遍地播放。他站在留声机前，一直用牙齿咬住留声机的一头。当时我们从未听说过“骨骼传导声音”的理论，所以直到几年之后，我们才明白他自己形成的这种习惯是什么意思。

在他占用留声机后不久，我发现，当我的嘴唇挨着他的耳后乳突骨说话时（乳突骨就在头盖骨的基部），他就可以听到我的声音，而且听得非常清楚。

在确认他能听清我的声音后，我立即开始在他的大脑中倾注听和说的欲望。

我很快发现，他喜欢在床上听故事。于是，我开始着手精心编造一些故事，目的是培养他的想象力、自立能力和“听见声音、做普通人”的强烈欲望。

这里有一个特殊的故事，我每次在讲时，都要强调它，并添加一点新的戏剧性的色彩。我就是要在他的心底培养出一种思想，才讲了这些故事，我要让他能明白，他的缺陷并不是一种重担，而是一笔价值极大的财富。虽然我所阅读过的哲学书，都清楚地指出每种缺陷都带有相等利益的种子，但是我必须承认，我当时还没有一条成熟的思路使这一缺陷变成财富。

## 6 分钱赢得新世界

分析回顾这些经验时，我能看出儿子对我的信心和那些令人惊讶的故事结局有很大的兴趣。他绝对相信我告诉他的事。我给他倾注了这样的观念，他拥有一项超越哥哥的难得优势，这个优势在许多方面都有所表现。例如，学校老师会因为发现到他没有耳朵而特别照顾他，对他更亲切。他们的确是这样做的。我还给他倾注了另一个观念，如果人们看到一个没有耳朵却依然聪慧、勤奋的孩子，一定会多付钱给他，所以等他长到可以卖报纸的时候（他哥哥已经是报业商人了），他会比哥哥拥有一大优势。

就在他将要 7 岁的时侯，第一个想法被证实了，我们对他心灵的辅导方式已经开花结果。几个月来，他一直央求他妈妈允许他去卖报，但他妈妈一直不赞成这项提议。

最终他找到了机会。这天下午，只有他和用人留在家里。他从厨房的窗户爬出去，跳到地面上，就这样一个人出发了。他向附近的鞋店借了 6 分钱作为本金，开始卖报纸，卖掉后，再投资，然后再卖，如此反复，直到天黑。最后一算，还了借来的 6 分钱后，他还净赚了 4 毛 2 分钱。晚上我们回到家后，发现他手里还紧紧攥着赚来的钱，已经在床上睡熟了。

他母亲拉开他的手，拿走了钱，忍不住哭了起来。她不应该哭，因为这是儿子这辈子第一次胜利，母亲是不应该哭起来的。我知道我在孩子心中努力培育的信心，已经获得成功了，所以我的反应恰好相反，我高兴得大笑不止。

妈妈看到一个耳聋的孩子，在他第一次商业实践中，冒着生命危险跑到街上挣钱。我看到的则是一个小生意人对自己的能力增添了百分之百的信心，他勇敢、进取而又自立，他凭着自己的开创精神做买卖，并且获得了成功。我知道他已证实了自己是个足智多谋的人，而且这一点将与他一生相随，所以他让我感到欣喜。

## 耳聋的孩子听见了

这个耳聋的孩子读完了小学、中学和大学，甚至听不见老师讲课（除非近距离大声说话）。他没有上过聋哑学校。我们不让他学手语，一定要让他过正常人的生活，和正常的孩子交流。虽然我经常和学校老师激烈争论，但我们一直坚持这个决定。

上高中时，他曾试用过电子助听器，但对他没有效果。

大学毕业前的最后一个星期，发生了一件事，算得上是他人生的转折点。他又得到了一个电子助听器，这是别人送给他试用的，这完全是一个巧合。在念高中时，他曾试过一个电子助听器。他对于这次的试验并不热衷，因为上回制作类似装置时感到了失望。后来，他无意间拿起助听器，装好电池戴上了，结果他毕生渴望的正常听觉竟成事实，这真是一奇迹！生平第一次他真的听见了，而且和听觉正常的人一样清楚。

这个助听器改变了他的世界，高兴之余，他急忙跑到电话机前和他的母亲通话，而且完全听清了她的声音。第二天，他平生第一次清楚地听到讲课的教授们的声音！平生第一次不需要他人大声讲话就能和他人自由交谈。他的世界从此改变了。这都是真的。

“欲望”已经开始有了回报，但这不是完全的胜利。这个孩子仍需找出明确、实际的方法，以把这种缺陷化为等价的财富。

## 产生奇迹的思想

对于这件事的意义，儿子当时还体会不出来，他只是兴奋地沉醉在全新的声音世界带来的喜悦中。他给助听器的制造商写信，万分激动地描述他的体验。他的信打动了制造商，他们邀请他到了纽约。到了纽约后，有人带领他参观整个工厂。他和总工程师说自己发现了一个新世界，这是一个和以前完全不同的世界。他脑中闪现了一个预感，一个构想，或一个灵感——随你怎么说都行。

他的苦难在这股意念冲动的作用下化为资产，他亦必然得到双重的利益、金钱和数千人的幸福的回报。

那个意念冲动的实质是：他认为如果他能将自己体验的全新世界告诉他人，那么将有几百万聋哑人因助听器而受益，或许这对聋哑人会有帮助。

他仔仔细细地研究了一个月。他在此期间分析整个助听器工厂的营销制度，他要和全世界有听力障碍的人分享自己发现的全新世界，并且想出了和他们沟通的途径和方式。在完成这项工作后，他开始根据自己的发现，制订一个两年计划。当他把计划提交给这家公司时，马上就获得了一个可以实现志向的岗位。

当他前去上班时，做梦都不会想到这会给千万耳聋的人们带来希望和帮助，如果他们没有他的帮助，将永远听不到声音。

我深信，如果不是他母亲和我竭尽所能地培养他的欲望，我的儿子布雷尔将一生都生活在聋哑的世界里。

当他心中想听、想说的欲望扎根，并渴望活得像正常人一样时，那股冲动带来了某种神奇的影响，促使老天爷为他建起一座桥，跨越他的心灵和外界之间的静寂鸿沟。

确实如此，要把强烈的欲望变为现实，这是一条曲折的道路。布莱尔渴望正常的听觉，现在他得到了！他生来残障，这种情形很可能轻易地让一个意志不坚定的人流落街头。

在他小时候，我曾在他心中种植了一些“善意的谎言”，目的是使他相信他的缺陷将成为一大财富，而且他可以利用这笔财富，现在这个谎言已被证明是千真万确的。这里有一个普遍的定理：信心加上强烈的欲望，任何事情都可能实现。任何人都可以免费获得这些东西。

## 意志的力量

有关舒曼·海因克的一段简短报道，揭露了这位杰出女性成为著名歌手的奥秘。因为文章中强调的正是“欲望”，所以我引述了这段文字。

在她事业之初，舒曼·海因克拜访了维也纳宫廷歌剧院的指挥，请他测试她的声音。但指挥没试听。这位女孩看起来寒酸而又呆板，指挥看了一眼以后便非常不客气地说：“以你的长相和毫无特色的样貌，你怎能期望在歌剧界成功？放弃这个想法吧，你永远和歌唱家无缘。孩子，去买架缝纫机，找份工作做吧！”

在当时下结论实在太早了。维也纳宫廷歌剧院指挥对歌唱的技巧非常了解。但他不知道，假如一个人心中唯一的意念就是他的欲望，这种力量会有多大。如果对这种力量有那么一点了解，他就不会错误地在一个天才还未获得机会时，就判处了死刑。

几年以前，我的一位同事病了。一天天拖下去以后，病情愈来愈严重，最后他被送到医院接受手术。医生告诉我，他活下去的机会非常小。但这并不是我同事的观点，只是医生的观点。

就在被推走时他说："你放心，我在这儿住几天就会出去的。"他的声音非常微弱。在旁边照顾他的护士以同情的眼光看着我，但是病人真的平安地度过了危险期。这一切过后，他的医生说："他自己求生的欲望救了他。如果不是拒绝了接受死亡之神的召唤，那么他早就挨不过去了。"

我见过这股力量曾将出身低微的人推向权力与财富的宝座；见过它从死神手中抢夺生命；见过人们借着它在接受上百次挫折打击后，仍能高唱胜利之歌；我更见过，即使命运让我的儿子一出生就没有耳朵，却仍赐予我儿正常、快乐、成功的生活，所以我相信有信心支持的欲望之力。

一个人要怎样控制和试用欲望的力量呢？本章和以后各章都将对这个问题作出回答。

造物主从不表现意志的神奇、有力的特质，它在炽烈欲望的冲动下，隐藏了"某种东西"，它决不接受失败的事实，也决不承认"不可能"这类的字眼。

意志的力量是无尽的，除非人为地限定它。

贫穷与财富都是意念的衍生物。

# 第 3 章 信 心

## 自信心——致富第二步

信心是大脑中的主要催化剂。当信心和意念走到了一起后，它们结合的震波就会立刻传递给意念，意念则把这种震波转化为相等的精神力量，然后生成无穷的智慧。

在所有重要的积极情绪中，最为强烈的是信心、爱和性的情绪。当这三种情绪结合时，它们便具有将思想“染色”的作用，使之立即影响潜意识的意志，并将其变成精神能量。这就会诱导无穷的智慧而激起无穷真实的反应。

## 如何培养信心

对于将欲望转化为物质或金钱等价物时自我暗示所发挥的重要作用，我们现在可以通过这种说法更好地了解：信心是一种心理状态，它产生于对潜意识的不断肯定或再三暗示，即自我暗示能产生或培养信心。

比如说，想想你可能为了什么目的阅读此书。当然，现在的目的是要获得那股能将由欲望所产生的意念冲动化为实际等价物或金钱的神奇力量。遵循第 4 章和第 12 章列举的摘要去做，你便能在潜意识中深信自己将会拥有所求的一切，且凭借互动的力量，你的潜意识也给你一股“信心”作为回报，产生达成你一切欲望所需的确切计划。

信心是一种心态，熟悉了这 13 项原则后，你就可以按照自己的需要培养这种心态，因为信心就是通过这些原则的应用而自发产生的一种心理状态。

促使信心自动发展的唯一途径是对你潜意识的心智反复而确切地下达命令。

也许在了解了这些人犯罪的原因后，读者会更明白信心的含义。一位著名的犯罪学家曾经说过：“第一次与罪恶行为接触时，人们通常会感到厌恶。但假如在一段时间内一直接触犯罪行为，人们就会习以为常。如果接触的时间持续增加，人们最终会拥抱它，并为之所左右。”

同理，如果持续将某种意念冲动传达到潜意识，它们最终都将被接纳，并由潜意识产生反应，进而以最实际可行的步骤，化意念冲动为实际的等价物。

说到这里，请再回想这句话，如果所有感性的（被赋予感觉的）意念与信心相结合，那么将立即转化为与之相等的物质报酬或等价物。

思想的“感情”部分，比如各种各样的情绪，给予思想以生命、活力和行动的要素。当信心、爱和性的情绪与思想的冲动结合起来时，它所产生的行动力非常强大，是任何一种单独情绪都比不上的。

实际上，能抵达并影响我们的潜意识的，不只是与信心相结合的意念冲动，还包括与任何积极或消极情感相结合的意念。

## 没人“注定”一生倒霉

根据上面的观点，我们可以理解，潜意识的消极破坏性意念冲动与积极建设性意念冲动一样，都会随时做出与意念同等的实质回应。数百万人都经历了各种“不幸”或“倒霉”，这种神奇现象的原因就在于此。

有数百万人因为一股他们自认无法控制的力量而相信自己“注定”贫穷或失败。其实他们就是使自己“倒霉”的人，因为他们持有否定、消极的信心，这种信心传至其潜意识，然后化为实质的等价物。

在这里有必要再次强调，在某种期望或坚信不疑的状态下，由于潜意识活动的信心或信念的作用，我们真有可能见证某些变化的发生，如果不断地将某种希望转化为实质或金钱等价物的欲望传达给潜意识，你必然获益不浅。

当通过自我暗示向潜意识下达命令时，没有任何事物能阻止你“欺骗”自己的潜意识。我正是这样哄骗了儿子的潜意识。

要使这种“欺骗”更加真实，在你召唤潜意识时，就要表现得仿佛自己已经拥有了一直渴望的物质一样。

在有信心的情形下下达的某种命令，潜意识在执行命令时，必然选择最直接且实际可行的方式，使其转化为实际的等价物。

不过，你要做好准备，你可以通过亲身体验或行动，去获得将信心与任何传达给潜意识的指令相结合的能力，我已经多次重复这点了。“绝知此事要躬行”，只是读一读这些方法还远远不够。

一个人的最基本态度就是激发积极情感以支配精神动力，抑制、排除消极负面情绪。

最有利于产生所谓的信心的心理状态，就是由积极正面情绪主导的心灵。以此种方式为主导的心灵，可随意对潜意识发布命令，潜意识则会立刻接受并采取行动。

## 自我暗示引发信心

宗教家无法告诉人们怎样才能拥有信心，虽然他们多年来一直教化在苦难中挣扎的人们，要对这、对那都“充满信心”，还教授各种教规、信条。他们没有告诉大家，“信心”是可以通过自我暗示引发的一种心态。

我们将以一般人能懂的文字叙述有关此项原则的一切，通过这些文字，或许能让眼前缺乏信心的人产生信心。

要相信自己，相信永恒。

开始之前，再一次告诉自己：

信心赋予意念冲动以生命、力量和行动，它是一剂“普遍的灵丹妙药”！

下面的句子应该读上两遍、三遍、四遍，而且应该高声朗读！

信心是聚集财富的基点。

信心是所有“奇迹”以及科学原理无法解释的秘密的根源。

信心是治疗失败的唯一良方。

信心是一种元素，一种“化学成分”，但它融合了祈祷以后，就能让人马上连接起无穷无尽的智慧。

信心是一种要素、能把人类有限脑力创造的普通意念震波，转化为同等的精神力量。

信心是一种中介，人类只有通过信心，才能理解并使用智慧的无穷力量。

## 神奇的自我暗示

证据非常简单。它暗藏在自我暗示的原则中。让我们把焦点集中在自我暗示上，去了解它究竟是什么，它能带来哪些东西。

大家都熟悉一个事实：人基本上总会相信他不断对自己复述的事，不管这些事是真是假。如果一个人一再重复同一个谎言，到最后他就会相信那就是事实。因为人心中主宰的意念不同，所以他会有不同的表现。人有意存于心中的意念，如果受到交感力的支持，且再融合一种或多种情绪力量的话，便会形成强大的动机力量，引导、控制他的每个举止、表现和行为。

下面的句子是个非常重要的真理：

意念与任何情感相结合，都会形成一种“磁力”，吸引其他有关或者相似的意念。

此类与情绪相吸引的意念，可视为一粒种子，种在肥沃的土壤里，发芽、成长、不断长大，直到原来的小种子成为无以计数的同类种子。

人的大脑会不断吸引与内心意念相一致的震波。人放在大脑中的任何观念、思想、计划或目标，都能吸引众多同类，并将自身的力量与这些“同类”合并、成长，直到成为控制并引发个人动机的主宰者。

现在，为了了解如何将观念、计划或目标的原始种子种在心里，我们要回到原点。传递信息的过程非常简单：任何观念、计划或目标都可以通过无数次的意念活动深深地扎根于心。所以，我让你写出主要目的或确定的首要目标，以便你能牢牢记住，每天都大声重复，直到这些声音的震波到达你的潜意识。

下定决心重建你的人生秩序，抛弃一切不幸环境的影响。列出心灵的资产与负债清单，你会发现缺乏信心就是你最大的弱点。通过自我暗示原则的帮助，残障的痛苦可以克服，怯懦也可以变为勇气。应用这项原则，并通过这一简单的过程，就可以取得效果，也就是将积极正面的意念冲动写下来，熟记、背诵，直到它们成为你潜意识的一部分。

## 自信心公式

（1）我知道，我有能力实现人生中的确切目标，所以，我要求自己坚持到底，继续努力，我在此发誓要把这种力量变成行动。

（2）我知道心中的主宰意念终会自然而然地打造出外在而实质的行动，并且逐渐转化为物质事实，因此，我要每天花30分钟集中意念想象我理想中未来的情况，并在心中留下一幅清晰的心灵画像。

（3）我知道，根据“自我暗示”原则，我心中任何积存已久的欲望，终究会通过某种实际方式展露出来，因此，我要每天花10分钟时间培养自信心。

（4）我已清楚地写下一篇声明，记下我一生中所制订的主要目标。只要没有取得成功，我就会一直努力下去。

（5）我完全明白，要想财富与地位持久不倒，就只能以真理和正义为建筑基础，因此，我决不去做损害他人利益的事。我要成功，但一定依靠自身的力量以及与别人的合作。因为我愿意服务他人，他人也将乐于为我服务。我会抛弃仇恨、嫉妒、自私和讽刺，我知道，用消极态度对待他人，我将永远不会取得成功，所以我要对别人奉献一份爱。我会相信自己、相信他人，从而换取他人对我的信任。我要在这份自信秘诀上签下自己的名字，并深深地记在心里，每天背诵一次。我深信它将逐渐影响我的思想和行为，我要自信，我一定要取得成功。

这个秘诀的背后是一条人类尚无法解释的自然法则，用何种方式称呼此法则并不重要。重要的是:“假如积极地运用这些原则，那么它对人们的成绩和辉煌绝对有效。”反之，如果你消极地运用它，它就会随时摧毁你。此文可找到一个意味深长的事实，即之所以有人在挫折中倒下，并且在贫穷、不幸和痛苦中过完一生，就是因为他们在负面消极的方向应用了自我暗示原理。因为意念冲动皆倾向于以实质的等价物表现出来，所以才会出现这些现象。

## 消极思想的灾难

潜意识区分不出哪些是建设性的意念冲动，哪些是破坏性的意念冲动。我们向潜意识输入什么素材，它就会通过意念冲动完成什么工作。受恐惧驱使的意念随时都可以被潜意识转化为事实，同理，受到勇气或信心驱使的意念，也可以被转化为事实。

正如在应用建设性意念的条件下，电力转动工业巨轮可以做有用的服务，或者在错误的使用下夺走生命。同理，自我暗示原理有可能引领你进入安定、成功之境，也有可能引领你掉进悲惨、失败和死亡的深渊，这取决于你对其了解与应用的程度。

假如你内心对接触和应用无穷智慧的力量充满怀疑、恐惧和不信任，那么，这股不信任的精神就会被自我暗示原则接受，并以此为根据，使潜意识产生实质的等价物。

风能使一艘船驶向东边，而另一艘驶向西边。自我暗示原则可以让你坠入谷底，也可以把你推向高峰，就看你如何使用“意念之帆”了。

通过自我暗示，任何人都可能登上不可想象的成就巅峰。

下面的诗句充分揭示了这一原理：

如果你认为会被打败，<br>
那么你已经败了。<br>
如果你“认为”自己不敢，<br>
那么你肯定踟蹰不前。<br>
如果你想获胜，却认为无力制胜，<br>
几乎可以断定你绝不会胜利。<br>
如果你认为会输，<br>
那么你已经输了，<br>
证诸寰宇我们发现，<br>
有志者事竟成——<br>
一切决于“心念”之间。<br>
如果你认为自己足够优秀，

那么你就是如此，
你须拥有“意念”登高，
你相信自己，
你将会得到胜利。
人生的赛场并非一直青睐，
力量较强或速度快者，
最后的胜利，
属于“自认”会赢的勇士！

注意诗中特别强调的词句，不难理解诗人心中的深刻用意。

## 沉睡的天赋

成功的种子在人的天性的某个角落沉睡着，如果唤醒它，让它活跃起来，它就能把你推向你从未想象过人生的巅峰。

正如音乐大师能让美丽的音乐自小提琴弦倾泻下来，你也能唤醒沉睡于脑中的天赋，使它鞭策你实现任何你希望达成的目标。

亚伯拉罕·林肯在他40岁之前，竟然一事无成。他曾是个名不见经传的小人物，后来在他的心中和脑中沉睡的天赋被唤醒了，这完全是因为一次重大的经历，这次经历为世界塑造了一位真正的伟人。那次“经历”融合了爱与悲痛。它来自林肯唯一真正爱过的女人——安妮·拉特利奇。

爱的情绪与信心的心态存在很大的相似之处，因此，爱很容易将某种具体的思想冲动转化为同等的精神力量。作者在研究几百位有卓越成就的人士后发现，在他们的身上，都有一份女性的爱情影响着他们。

你可以验证信心的力量有多大。基督耶稣是我们第一个研究对象。信心是基督精神的基础，虽然有很多人误解或者误用了这股伟大力量的含义。

基督的成就和教义常被解释为“奇迹”，其实它的重点只是信心而已。假如某种“奇迹”现象是确实存在的，它们也是通过自信的心理状态产生的。

让我们看看著名的印度圣雄甘地的例子，看看他被信心赋予了怎样的力量。

他为人类文明树立了信心潜能的典范。虽然甘地没有金钱、战舰、军队和战略资源，也没有传统的权力工具，但他善于运用自身潜能，这一点是同时代的所有人都比不上的。甘地没有钱、没有家，甚至没有看得过去的衣着，但他有一种能量。他是如何获得那种力量的呢？他的力量来自于对信心原则的理解，而且通过自己的能力，使两亿人的心中都升起了一股自信。

除了信心以外，世上还有哪一股力量能有如此成就？

## 构想创造财富经

经营企业需要合作和信心。通过分析这个事实，我们可以充分了解企业家和商人创造财富的途径。想必读者会有兴趣，而且会从中受益。这个事实是：必须先“投入”后“收获”，才能获取财富。

我们所选择的例子发生在 1900 年，当时正是美国钢铁公司建立之初。阅读这个故事时，把这些基本事实记在心中，你便会知道构想是如何转变为巨额财富的。

假如你也对如何聚集巨额财富感到好奇，那么这个创造美国钢铁公司的故事将对你产生很深的启迪作用。如果你对思考致富一事仍然心存怀疑，那么，这则故事可驱散你的疑虑。下面你将明显地看出本书所陈述的各项原则，大部分都已经被运用了。

纽约世界电信公司的约翰·罗威尔，以非常戏剧性的方式讲出了这个有关构想力的惊人故事，在他的美意成全下，本文得以再版。

## 宴后一次演说，价值10亿美元

1900年12月12日晚，约有80位美国金融界大亨在纽约第五大街上的大学俱乐部会厅聚集，迎接一位来自西部的年轻人。有一半以上的来宾不知道他们将要目睹美国工业史上发生的最重要的一幕。

J. 爱德华·西蒙斯和查尔斯·斯图亚特·史密斯到匹兹堡访问期间，受到了查尔斯·施瓦布的热情款待。为了表示感谢，他们特意为来自匹兹堡的施瓦布安排了这次晚宴，向东部银行界介绍这位年仅38岁的钢铁大亨。但他们不希望与会人士被施瓦布吓跑。事实上，这两个人还警告他，这场演说对那些自以为是的纽约人没有吸引力。而且，他最好说15～20分钟寒暄的话，然后就此打住，否则就会令斯蒂尔曼、哈里曼和范德比尔特等人厌烦。

当时约翰·皮尔庞特·摩根坐在施瓦布右侧，以示对施瓦布的尊重，原本他只打算做一次短暂的停留为宴会助助兴而已。第二天报上并无任何相关报道，可见就报界和大众看来，整件事并无特别之处。

两位主人和显赫的宾客们像往常一样用完了七八道菜。宴会期间人们很少交谈，哪怕有话要说也说得不多。因为没有几位经纪人和银行家见过施瓦布。虽然他的事业已在莫诺加和拉河沿岸迅猛发展，但竟没有人了解他。然而，就在晚宴即将结束的时候，包括摩根在内的宾客们都准备离开了，此时一个10亿美元身价的新生儿——美国钢铁公司——就要诞生了。

当晚施瓦布在晚宴上的一席话竟毫无记载，这真是历史的不幸。

然而，可能因为它只是一篇再平常不过的谈话，又有一点不合文法的原因（施瓦布向来不愿费心修饰华美的辞藻），虽然文中不乏富有智慧的经典话语。不过，除了话语的精彩之外，这些谈话对于那些用餐者们所拥有的资金，据说大约有50亿美元，其影响力或效果却如同电流一般强大。

施瓦布的发言有着一股如电流般强大的力量和效果，发言结束之后，整个聚会仍沉迷于其魅力之下，虽然施瓦布已谈了90分钟，但摩根又将这位演说者带到了窗户旁边，这里的高椅并不舒服，两人一起坐下并跷着腿，又多谈了一个小时。

施瓦布的性格产生了强大的魅力，他为扩大钢铁业所提出的计划不但非常诱人，而且可操作性强，这才是更为重要的。许多人曾经试图说服摩根组建一个钢铁托拉斯，他们选择了饼干、钢丝与糖、威士忌、铁圈、石油等制造业联合经营的方式。其中，有商场大赌徒之称的约翰·盖茨就曾经劝他采取这种做法，但是摩根不信任他；组成一个火柴托拉斯和一家饼干公司的芝加哥股票经纪人兄弟——比尔和吉姆，也曾劝过摩根，但也没有取得成功；假装虔诚的大律师埃艾尔伯特·加利，也曾试图努力过，但是他分量不够，摩根对他没有任何印象。在此之前人们始终认为，这个计划是想发横财的狂想家在说梦话。

早在上一代人的时候，商业大盗约翰·盖茨就使用诡计，吸引数千家小型或者经营不善的公司，合并为具有压倒性竞争力的大型公司，可见钢铁业已经出现了这种现象。盖茨已将一些小公司组合为美国钢铁与电缆公司。他还与摩根共同建立了联邦钢铁公司，但是相比于以安德鲁·卡内基为首，由53位合伙人拥有并经营的庞大垂直托拉斯，其他那些合并的公司简直不值一提。摩根非常清楚，那些小公司可以尽情地合并，但丝毫不能削弱卡内基的力量。

这位古怪的老苏格兰人也知道这一点。他高高站在史基伯古堡富丽堂皇的楼顶，看着摩根的小公司试图阻止自己事业的企图。最开始他带着看热闹的眼光看待这件事，后来他的眼光渐渐转为不悦。当摩根的企图变得太大胆时，卡内基气愤的情绪转为报复。他做了一个决定，要复制其对手所拥有的每一家工厂。在此之前，他从来没有对电缆、水管或薄板感兴趣过。相反，他很乐意把生铁卖给这些公司，让他们将原料制成其所需要的成品。现在，有施瓦布这位能干的大将，他决定彻底击败对手。

通过与查尔斯·施瓦布的谈话，摩根找到了公司合并的方案。一位作家说，就像干果布丁上缺少了干果一样，一个没有卡内基的托拉斯，就不能称其为托拉斯。

很明显，就算施瓦布在1900年12月12日晚上的谈话不是保证，而是表达了一种推论，即庞大的卡内基企业可以纳入摩根旗下。他谈到全世界未来对钢铁的需求，讲到了效率的重新组合，讲到了专业化，讲到了消减不成功工厂和集中发展有前景的产业，讲到了节约矿砂运输能力，讲到了管理和行政部门要节约费用，也讲到了控制海外市场。

此外，他还指出了在座的人当中一些商业海盗性的错误，比如经常采取掠夺方式。施瓦布推断，他们的目的基本都是形成垄断、哄抬价格，利用特权为自己赚取丰厚的利润。施瓦布强烈谴责了这种做法。他告诉听众，这种做法存在一定的缺点，在一个开拓的时代，它反而阻碍了市场的发展。施瓦布认为，通过降低钢铁成本，可以创造一个不断发展扩大的市场；另外还要研究钢铁的各种使用方式，从而在世界贸易领域占据优势地位。实际上，虽然施瓦布还没有意识到这就是现代的大规模生产，但他提出了这样的主张。

施瓦布对广阔的前景做出了预测吗？大学俱乐部的宴席散场后，摩根回去做了一番考虑；施瓦布则回到匹兹堡，去为卡内基打理钢铁生意；而加利与其他人则回到股票报价机前，预测下一步的交易行动。

他没有等太长时间。摩根大约花了一个星期时间仔细考虑施瓦布摆在他面前的理由。当他确信不会面临财务受到不良影响的结果时，他派人去请施瓦布来——结果发现那个年轻人非常害羞。施瓦布表示，如果卡内基先生发现他最信任的公司总裁竟然和摩根有私自交往，可能不高兴。因为卡内基曾经发誓，此生都不踏上华尔街一步。然后，中间人约翰·盖茨提出一个计划，施瓦布也许“碰巧”出现在费城的百乐威饭店，而摩根可能也会“碰巧”出现在那里。但是，施瓦布抵达后，摩根却生病了，正在纽约的家中，这真是太不巧了，不过在这位老人的再三邀请下，施瓦布来到纽约，出现在了金融家的书房。

现在，有些经济历史学家认为，这庄戏自头至尾都是安德鲁·卡内基的手笔：从邀请施瓦布的晚宴上的著名演说，到周日夜晚施瓦布和金融大王的谈话，都是这位狡诈的苏格兰人一手导演的。然而事实正好相反。当施瓦布被请去促成这项交易时，他甚至不知道“小老板”（他对安德鲁的称呼）是否愿意听取这项提议，尤其又是要把东西卖给一群安德鲁认为天生不够格的人。但施瓦布去商谈时，的确带着6张铜版印刷数字，上面印有他的笔迹，那些数字的含义是，他心中对一些钢铁公司的实际价值及获利潜能的估计，而且他认为每一家公司势必都将成为新金属业天空中的闪亮的明星。

4个人一整夜都在研究这些数字。排在第一位的当然是摩根，他坚信金钱的神圣权利，没有一点怀疑。陪同他的是他的贵族朋友罗伯特·培根，他是位学者兼绅士。第三位是约翰·盖茨，虽然摩根讥讽他为投机商，却像使用工具一样重用他。第四位就是施瓦布。他比谁都了解钢铁制造和销售。

黎明时，摩根站起来，伸了个懒腰，现在只有一个没有解决的问题了。

摩根问：“你认为你能说服安德鲁·卡内基卖掉他的公司吗？”

施瓦布说：“我可以试试。”

摩根说：“假如你能说服他出售，剩下的交给我。”

事情到目前为止还算顺利。然而卡内基愿意出售吗？他会要求多少钱出售（施瓦布认为大约是3.2亿美元）？他会选择哪种付款方式？普通股还是优先股？债券？现金？没有人能筹募到3亿多美元现金。

1901年1月，在威斯敏斯特的圣·安德鲁斯高尔夫球场霜冻的石南荒地上，施瓦布和安德鲁有一场高尔夫球赛，安德鲁全身裹着毛衣御寒，施瓦布和往常一样，为了激发大家的精神，滔滔不绝地讲话。但施瓦布一个字都没有提生意的事，直到两人在卡内基位于球场附近温暖舒服的农庄里坐下来后，施瓦布才开始说。

施瓦布拿出令大学俱乐部80位百万富翁倾倒的说服力，讲出那些美好的愿望，包括闲适的退休生活和数不尽的财富，以满足老人的社交需要。卡内基屈服了。他在一张纸条上写下一个数字，交给施瓦布说："好，我要卖出这个价。"他写的数字大约是4亿美元，是以施瓦布提出的3.2亿美元为基础，再加上预计未来两年约8000万美元的增值确定的。

后来，卡内基在横渡大西洋轮船的甲板上悲伤地对摩根说："我当时少向你要了1亿美元。"

摩根高兴地回答："如果你开口，你现在早就得到那1亿美元了。"

这话一说出来，立即引来了一阵大笑。一位英籍记者发电报道说，这次大规模的并购事件把外国的钢铁世界"吓呆了"。耶鲁大学的校长哈德里则宣称，除非立即规范托拉斯行为，否则"未来25年内，华盛顿将产生一位帝王，这是可以预料到的"。但同时，强悍的股市操纵者基尼则努力地将新股票强劲地推向大众，以致就在一瞬间，所有过剩的资金——有人估计约6亿美元——都被吸收掉了。就这样，卡内基得到了他的数百万美元财产，摩根集团从所有的"混乱"中获得了6200万美元的利益，而所有的"小弟们"，从盖茨到盖瑞，也都得到了数百万美元的收益。

年仅38岁的施瓦布也获得了他的那一份收益。在1930年前，他一直担任新公司的总裁，掌握着公司大权。

## 财富始于意念

你刚读完的这则大买卖的故事，恰如其分地揭示了将欲望变为实际等价物的方法。这是一个在人的心里创造出来的庞大组织。投入美国钢铁公司的宝贵财富包括：他的信心、他的欲望、他的想象力及他的毅力。这个公司合法成立后，所得到的钢厂与机器装备都不是最重要的，重要的是经过细心分析之后所展现的事实：他们采取了一项措施，将各个工厂结合而置于统一管理之下，这使得这些工厂的价值增加了6亿美元左右。

也就是说，这6亿美元的利润是通过以下途径得来的：查尔斯·施瓦布的构想，以及他把这一构想传达给摩根及其他人的信心。

美国钢铁公司是美国最富有、最强大的公司之一，这是一个业务繁忙的庞大公司，它雇用数千名员工，研发钢铁新用途及开发新市场。这足以说明，经由施瓦布构想所产生的6亿美元利润已赚到了。

财富确实来自意念！只将意念变成行动，那么财富的数量会受到限制。解除这种限制需要信心的加入！你一定要记住，不管你打算向生活索取什么，如果成功地做到这一点，你就可以以满意的代价拥有想要的东西。

# 第 4 章
# 自我暗示

## 影响潜意识的媒介——致富第三步

“自我暗示”是指某种暗示和自行实施的刺激通过五种感官而到达大脑的过程。也就是说，对自己的暗示就是自我暗示。它是一种介于产生意念的意识部分与产生行动的潜意识部分之间的沟通媒介。

自我暗示的原理是，一个人的意识，自愿产生某种控制意念（这种意念积极与否并不重要），并把这些意念传递给潜意识，对它产生影响。

造物主就是通过这种方式创造了人，让人用五种感官实现对到达潜意识的内容的完全控制。但这并不意味着，所有人都能从容地使用这种控制力。相反，在大部分情况下，人们并没有应用它，很多人一生贫穷正是因为这一点。

回顾起来，潜意识就像一片肥沃的土壤，如果你没有把种下的作物种子埋入土壤，那么杂草就会肆意丛生。实际上，自我暗示就是一种自我控制，一个人可以根据自己的意愿，使用自我暗示的方法，在潜意识中种下创造性的意念；也可能由于疏忽漠视，而任由毁灭性意念在这片心灵沃土中生长。

## 想象握有财富的感觉

在第2章中，我们提到了6个步骤，6步骤的最后一项，教你要每天大声地将自己写的誓言朗读两遍，念出你对金钱的欲望，并且想象、体会自己掌握财富的样子。遵循这些指示，你就能以绝对的信心，直接将所欲达成的信息传达至潜意识，接下来不断重复这些步骤，那些有利于化欲望为金钱对等物的意念习惯就会自动产生。

在进行下一步之前，我们先回到第2章提到的6个步骤，仔细地把这些步骤阅读一遍。接下来（当你读到时），将在仔细阅读第7章时，教你组织

"智囊团"的四项要求。对比这些要求与自我暗示的内容，你会发现应用自我暗示原则和这些要求是相一致的。

所以我们要记住，大声朗读你的欲望时（你在努力通过朗读培养自己的"财富意识"），只念那些字是没有效果的——除非你把你的感情融入到你朗读的文字中。

这是一个非常重要的事实，所以我们有必要在每一章中都强调一遍，因为大多数人利用自我暗示原则，却达不到预期效果的主要原因，正是缺乏对这一点的了解。

潜意识不会受平淡无味、毫无感情的字句的影响。如果不在潜意识中注入充满激情和信心的意念或有声文字，那么你不会得到期望的结果。

如果在第一次尝试时无法成功地掌握和支配你的情绪，也别灰心。要知道，天下没有免费的午餐。你可能很想欺骗自己，但你坚决不能这样做。想获得影响潜意识的能力，就要坚持不懈地应用在此提到的原则——付出微薄的代价，不可能得到你想获得的能力。决定你为之奋斗的回报（即财富意识）的，决定是否值得你为之辛苦地付出的——只有你。

使用自我暗示原则的能力，将大部分取决于你是否能专注于已有的欲望，直至它成为炙热的唯一心念为止。

## 提高专注力

当你开始实施第 2 章提到的与 6 个步骤有关的摘要时，将有必要使用专注原则。

我们在此提出一些有效利用专注力的建议。当你开始执行 6 个步骤中的第一步时，它教你"在心中定出所渴望的金钱的具体数值"，这时你要在那个数字上投入专注的意念，闭上双眼，集中注意力，直到你能真切地看到那笔钱确实出现了。每天至少做一次。经过这些练习后，再根据第3章的指示，便能看到自己真的拥有这些钱了。

这里有一个事实非常重要，任何在绝对自信状态下传达给潜意识的指令，潜意识都会接受，当然这些指令经常需要通过反复传递，一次又一次地呈现出来，潜意识才能接受。根据这种说法，可以考虑对潜意识要个合理的“小伎俩”。因为你自己对此绝对相信，你可以使潜意识相信，你一定要得到你所看到的财富，相信这笔属于你的财富正等着你来认领。因此，潜意识自然会交给你一份具体的计划，让你去拿到属于你的财富。

把上一段提出的思想传达给你的想象力，看看你的想象力能或者会做出什么反应。你要制订积累财富的可行计划，才能实现自己的愿望。

你应该马上就看到自己拥有了这些财富，并且希望和要求你的潜意识制订一份或者多份行动计划，而不是当确切的计划出现以后，再根据这些计划，通过售卖商品或者提供服务的方式，回报想象中的财富。要关注这些计划，它们一出现就马上行动。计划出现时，它们可能通过第六感，以“灵感”的形式“闪”入你的大脑。你要高度重视并且在接受计划时，应该立刻做出反应。

六项步骤的第四项，要求你“制订一个实现愿望的具体计划，并且马上付诸行动”。你应该用上一段所说的态度执行这项指示。在实现梦想的路上，不要相信所谓的“理智”，而要制订出积累财富的计划。因为你的理智有时会打个盹儿，如果完全依赖它，估计会大失所望。

这一点非常重要：当你看到希望得到的财富时（双眼紧闭时），也同时试着看到自己正为得到这笔财富而售卖商品或者提供服务。

## 刺激潜意识的3个步骤

现在，我们整理一下与第2章所提的6项步骤有关的摘要，再结合本章讲到的这些原则，分析这个例子：

（1）到一个不会被打断或者打扰的地方（最好是晚上躺在床上时），闭上眼睛，大声背诵你写的那份声明（这样才能听到自己的话），其内容涵盖你想得到多少金钱、获得财富的期限，以及怎样出售商品或者提供服务以换取这笔财富。在你遵循这些指示时，要能想象这笔财富已经属于你自己。

比如：你打算在5年后的1月1日积累5万美元，为了得到这笔钱，你愿意做一名推销员并为他人服务。那么你应该这样写下自我声明：

在××年1月1日前，我将拥有5万美元。在此期间，这些钱将不断地以不同的数额来到。

作为一名销售人员，我愿意提供尽可能多的和最优质的服务（对你打算提供的服务或商品做出描述）。总之，为得到这笔财富，我愿尽我所能提供最有效的服务。

我相信这笔钱必将属于我。我的信心坚定到我现在就可以用手触摸到，用眼睛看到。只要我提供相应的服务去赚钱，它便会立刻转化为同等比例的收益。我在等待一个可以拥有这笔金钱的计划，一旦这个计划成形，我将立刻付诸行动。

（2）每天早晚都进行这项活动，直到你能看见（在想象中）自己想要获得的财富。

（3）把一份你写的声明放在早晚都看得到的地方，不管是起床之后还是睡觉之前，都要大声朗读，直到记住为止。

要知道，当你实行这些指示时，你就是在给潜意识发布命令，就是在应用自我暗示原则。同时要记住，你的潜意识只会对情感化的指引及用“感情”传递的指引起作用。所有感情中最强烈且最具效果的就是信心。请按照第 3 章中所列出的摘要执行。

最开始的时候，这些要求可能看起来很抽象，但你要告诉自己不要受其影响。不管一开始看起来多么不实际或者不具体，你都要根据它的要求去实践。如果你在精神上和实践上都能按照指示去做的话，那么你面前将出现一个全新的、任你驰骋的世界。

## 心灵力量的秘诀

人天生就会对所有的新观念持怀疑态度。但是，如果遵循上述指示，你就不会再怀疑了，而且会产生坚定的信念，接下来这种信念很快会转化为信心。

很多哲学家曾说过，人主宰着自己“凡间”的命运，但他们大多没说明“为什么”人是自己的主宰。本章能清楚地解释，人何以能主宰自己的俗世地位，尤其是自己的经济地位，人何以具有影响自己潜意识的能量？因为人可以主宰自己及自己所处的环境。

将欲望转化为金钱的具体过程，会涉及应用自我暗示原则，通过自我暗示这种媒介，欲望可以抵达并影响潜意识。而其他原则只是运用自我暗示原则的工具而已。

要知道，不管什么时候你都能注意到，在你运用本书中的方法努力“思考致富”时，自我暗示原则起到的作用非常重要。

读完全书后，再回到这一章，用心和实际行动来掌握以下的要点：

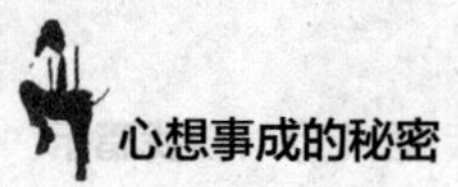


每天晚上都大声朗读这一整章，直到你彻底相信“自我暗示”原则是可靠的、完整的，并且相信不管你想要什么，它都可以带领你完成。读的时候，用铅笔在那些让你印象深刻、对你有帮助的句子下，画一条线特别强调。

严格根据上面的要求去做，你就能完全理解并领悟成功的法则。

每次失败、每种逆境、每个心痛，都蕴藏着生成同等或更大利益的种子。

# 第 5 章
# 专业知识

个人的经验或见解——致富第四步

知识有两种，一是普通知识，二是专业知识。不管普通知识多么广博或者丰富，对财富的积累用处都不大。总体来说，大学里的各科系，基本上都掌握了各种各样的普通知识。大部分的大学教授的财富都不多。他们并非擅长"运用"或者"组织"知识，而是专精于知识的"传授"。

知识本身并不能吸收财富，但如果组织和运用知识，并以实际的行动计划为根据，就能够达到积累财富的具体目的。数以百万计的人都对"知识就是力量"有所误解，他们都感到困惑，这是因为他们对这些事实的了解并不充分。知识就是力量，这只能说明，知识是"潜在的"能量。只有将知识组织成具体的行动计划，并以一个明确的目标为导向，知识才会成为真正的力量。

我们发现教育制度有一定的不足，比如教育机构无法成功地教导学生组织和运用知识。

很多人错误地认为，亨利·福特一定是个少"教"的人，因为他只受过很少"学校教育"。其实，犯这种错误的人不明白"教育"一词到底有什么含义。这个词来自拉丁语"Educo"，意思是由内向外产生、演变和发展。

虽然一个人受过教育，但这并不意味着他拥有丰富的普通知识或专业知识。一个受过教育的人，应是心灵充分发展的人，他能在不冒犯他人权利的情况下，得到自己想要的东西或相应的等价物。

## 富有的"无知"者

第一次世界大战期间，亨利·福特被一份芝加哥报纸称为"无知的和平主义者"。福特先生对此表示反对，并控告该报纸诽谤他。在法庭审判这个案子时，报社律师在辩护时让福特本人走上了证人席，以向陪审团证明福特的无知。律师问了福特各式各样的问题，目的只有一个，证明福特在汽车制造方面的知识非常丰富，但总的来说还是无知的。

福特当时受到了诸如以下问题的刁难：

“本尼迪克特·阿诺德[①]是谁？”

“1776年，英国派遣多少士兵到美洲平定叛乱？”

对于最后一个问题，福特先生说：“至于英国到底派了多少士兵，我确实不知道，但我听说，派去的数目要比回去的数目大得多。”

最后，这些问题让福特先生感到极其厌恶，在回答一个特别无礼的问题时，他身体微微前倾，手指着发问的律师说：“如果我真的想回答你刚才问的问题，或者回答你所问的其他任何问题，那么我要给你一个提醒，我的办公桌上有一排电钮，只要按下某个电钮，我的助理马上就会听命而来。只要我想知道，他们对于我花费最大心力所建立的企业中的所有问题，都能给出回答。那么你现在是不是可以告诉我，既然我所需要的知识都能从我的周围获得，难道我的脑子里要充满这些东西，只为了能够答复这些问题吗？”

这真是一个毫无破绽的回答。

律师被问得说不出话来。法庭上的所有人一致认为，一个无知的人绝对不会做出这种回答，福特定然是位有识之士。真正有学问的人，知道在需要时应该从哪里获取知识，也知道如何把知识组织起来并制订具体的行动计划。亨利·福特本人根本没有必要亲自掌握所需的所有专业知识，因为他依靠“智囊团”掌握了这些知识，并使他成为美国最富有的人之一。

①美国独立战争期间，美方唯一的叛将。——译者注

## 你能得到自己需要的任何知识

如果你还没有确信自己有能力把欲望变成金钱等价物，你还需要一些专业知识，这些知识可能是某种服务、商品或职业等方面的，这样你才能借以获取财富。或许你所需要的专业知识，远远超出了你的意向和能力。如果是这样，可以通过你的“智囊团”来弥补自身的不足。

要有力量才能积攒财富，力量则来自于睿智的指导与高度组织的专业知识，然而聚集财富的人，不一定要完全具备这些知识。

有些人无法提供自身所需的专业知识，因为他们并未受过必要的“教育”，却有发财致富的伟大志向。对这些人来说，上一段文字可以给他们以鼓励和希望。有些人因为没有接受“教育”而终身自卑。其实，如果一个人懂得如何组织、领导一个掌握致富专业知识的“智囊团”，那么和这个群体中的任何一员一样，他本身也是有知识的。

托马斯·爱迪生一生只受过三个月的学校教育，但他没有死于贫困，因为他本身就是一个有知识的人。

亨利·福特甚至都没有读到六年级，但他努力在经济上交出了漂亮的成绩单。

专业知识是可以获得的最廉价、最丰富的服务方式！

如果不相信，可以查阅任何一所大学的工资单。

## 了解获取知识的途径

首先，你要确定你需要哪些专门知识及为什么需要这些知识。总的来说，你人生的主要目标和你努力的目的，将帮助你决定你所需要的知识。在解决了这个问题以后，第二步要求是你要准确认识自己所依靠的知识。其中比较重要的是：

（1）自己的经验和受教育情况。

（2）可通过他人（智囊团）的合作而获得的教育和经验。

（3）高等院校。

（4）公共图书馆（你可以从书上学到多种多样的知识）。

（5）专业培训课程（尤其是通过夜校和函授）。

获得所需知识后，一定要加以整理，并且通过实际计划，应用它来完成自己明确的目标。如果知识没有用于有价值的目的，那么知识本身就是没有价值的。

如果你想进一步学习，首先要确定获取知识的目的，然后了解从何处、从什么可靠的来源能得到这种知识。

不管是哪个行业中的成功人士，都从不停止获得与他们的主要目标、事业或职业有关的专门知识。有人认为完成学校教育后，就不需要获取知识了，这是一种错误的观点，通常这种人是绝不会成功的。实际上，学校教育只是让学生明白怎样获取有用的知识而已。

追求专业化是当今社会的趋势。哥伦比亚大学就业中心前任主任罗伯特·P. 莫尔，在一则新闻报道中强调了这一事实。

## 争相礼聘的人才

各公司求才时，特别需要的人才，主要是在某方面非常精通的专才。例如，具备会计与统计训练的商校毕业生、建筑师、各类工程师、新闻记者、化学家及具备杰出领导能力与活动规划才能等的毕业生。

占有绝对优势的是那些积极参加学校活动、交友广泛、为人随和、学业进取的学生，而那些读死书的学生，则没有明显优势。

一家大型实业公司的领导者在给莫尔先生的信中，在谈及将来毕业生工作的问题时提到：

在管理工作上，有特别优秀表现的人是我们主要寻求的人才。因此，相对于特定的教育背景，我们强调人格、智力与个性的特质。

## “实习制度”的提议

莫尔先生建议设立一种“实习制度”，让学生在暑假到商店、办公室和各企业中实习。他认为，在完成两三年大学学习后，每个学生都应该“选择一门面向未来的课程”，他要求“制止学生满足于在非专业课程的学习中随波逐流”。

他又提到：“现在各种职业和工作要求的是专才，学校和大学必须考虑到这种实际需要。”因此，他鼓励教育机构更直接地负起职业指导的责任。

对于需要接受专业教育的人士，进夜校是一种比较可靠与实用的方法。在美国邮件所能送到的地方，凡是通过函授的方式可以进行教学的各种科目，都可以进行专门的学习。在家中学习的优点之一是可以利用闲暇时间进修，这种学习计划是有弹性的。当然，在家学习还有另一个优点：如果所选的函授学校得当，那么在学校所提供的多数课程中，你都可获得极为充分的咨询条件。这些对于需要专业知识的人简直太珍贵了。无论在什么地方居住，你都能分享到这种好处。

## 收款的教训

公立学校有很好的机会，但效果很一般，原因是人们往往不珍惜不经过努力、不付出代价就得到的东西，而且很难产生荣誉感。从专业学习的特定课程中，一个人可以得到自律。虽然函授学校的学费很低，但这种学校是组织有序的商业机构，所以它们坚持要求及时交费。

所有学生都需要交费，这与学生学习成绩好坏无关。交费制度迫使他必须遵照课程要求接受教育，否则便和浪费没什么两样。函授学校的代收款部门，在决定性、迅速性与贯彻事情的习惯方面，为学生提供了最佳的学习机会，所以函授学校一向不绝对强调交费。

我有过亲身经历。

大约在 45 年前，我申请了一项在家学习的广告函授课程。我在上完 8 次还是 10 次课之后就停课了，但我总是能收到学校寄来的账单。而且，学校坚持让我交费，不管我是否继续学习。我决定，如果必须交费（按照法律规定，我必须这样做），那我应该完成这份学业，这样我的钱才不会浪费。我当时的感受是，学校的收款制度真是组织得太严格了，但我在以后的生活中认识到，那是最有价值的学习，而且是免费享受的。

因为必须交费，我继续完成了课程。我接受了广告课程的学习，虽然我不太情愿，不过后来我在生活中发现，如果用金钱来计算那个学校的高效收款制度，那么它的价值是难以想象的。

## 专业知识的道路

据说美国拥有全世界最先进的公立学校制度。但他们只珍惜要付费的东西，这可真是怪事一桩。美国有免费学校和免费图书馆，但人们没什么印象，因为那都是免费的。这就是为什么那么多人在离开学校、走到工作岗位上以后才发现有必要再接受更多的知识。经验告诉我们，任何有志放弃一部分闲暇时间在家研读的人，都有成为领导者的潜质。

不思进取是那些不想学习新知识的人的共同弱点！那些安排业余时间在家学习的人，尤其是那些靠薪水生活的人，很少甘于久居低层职位。他们用行动清除了前进道路上的障碍，开辟了一条晋升之路，因此，那些有权给他们机会的人才会对他们青睐有加。

函授学校自修的训练方式，特别适合受雇人员的需要。从学校毕业后，他们发现自己没有时间再回到学校去学习，同时又必须获得额外的专业知识。斯图亚特·奥斯汀·威尔原来学的专业是建筑工程，在大萧条来临之前，他一直从事这种职业，不过这一市场受到了经济的限制，他无法再获得所需的收入。他对自身条件做了分析，决定改行从事法律工作。他接受专业学习，于是重新回到学校，使自己具备做一名企业律师的资格。学习结束后，他通过了律师资格考试，很快开设了律师事务所，而且收入不菲。

也许有人反对说，“我无法回到学校继续学习，因为我有一家子人要养”，或者“我年纪不小了”。那么在此我可以再提供一些信息，威尔先生过了40岁又重回学校时，也有一家子人要养。此外，由于威尔先生在各大学选择讲授的科目中挑选了高度专业化的课程，所以大部分法律专业学生要用4年才能完成的学业，他在2年内就完成了。可见，掌握获取知识的途径是非常重要的。

## 创造财富的简单构想

让我们分析一个具体事例。

一位杂货店的售货员突然失业了，鉴于自己有记账的经验，他选修了一门会计专业课程，让自己熟悉最新的记账工具和办公设备，并且开创自己的事业。他开始和以前雇用他的杂货商签订合约，后来他的顾客增加到了100多位，他以极低的月费为这些小商人记账。

这是一个非常实用的创意，他很快发现需要在轻型货车上开设一间流动办公室，他还在这间办公室里装配了现代记账设备。现在他雇用了大量助手，有一个“流水线”办公队伍，让那些小商人用最少的钱得到最好的记账服务。

这个独特企业成功的根本原因是想象力和专业知识的融合。去年，这位业主上缴的收入所得税，是当年被解雇时薪酬的10倍。

当初的构想是他事业成功的起点！

由于我有提供此构想给这位失业售货员的成功经历，我现在想再提出另一个构想，这是一个可能带来丰厚回报的构想。售货员放弃售货，并且做起了以批发为基础经营的记账生意，就是这个构想的原型。在了解了这个为解决失业问题提出的计划后，这位售货员马上回复道：“我喜欢这个想法，但不知道变成现金的方法。”也就是说，他虽然有了构想，但不知道怎样推销自己的记账知识。

接下来，又一个必须解决的问题出现了。借助一位打字姑娘的帮助，他整理了自己的构想，做出了一本吸引力很强的手册，将新记账系统的优点做了一一介绍。每一页纸都打印得清楚而又整齐，贴在一个普通的剪贴簿内。它就像一个默不作声的促销员，有效地介绍了这项新业务的内容，最终它的主人接到了大量的记账订单，甚至都忙不过来了。

## 使你能获得一个理想工作的计划

全国需要推销专家服务的人有好几千，在销售个人服务时，这些专家必须准备一份吸引人的手册。

下面要介绍的构想来自一个紧急需要，但它最终并不是只为一个人服务的。一个人要具有非常敏锐的想象力才能创造这一构想。这是一个女人的构想，这个女人产生了建立一个新生职业的构想，那就是为千千万万个推销个人服务的人提供有用的指导。

第一个“推销个人服务准备计划”很快就产生了一定的效果，这个精力充沛的女人受到了鼓舞，转而开始为自己的儿子解决类似问题。她的儿子是大学毕业生，正在发愁怎样推销自己的服务。在我所见过的个人推销服务计划中，这个女人为儿子设计的计划是最出彩的一个。

这份计划手册有近50页内容，每个字都精致地打印出来，其中的数据都经过了整理和组织。这份计划介绍了她儿子的天赋才能、教育程度、个人经历以及其他诸多的难以形容的多样化数据。计划手册对她儿子所渴望的职位进行了详细的描述，并且列出了出任此职位后所欲推动的工作计划，整个计划的文笔非常精美。

她用了几周时间才完成这份计划。在此期间，她几乎每天都让儿子到公共图书馆查阅资料，了解怎样能让自己的服务实现最大价值。她还让儿子到未来雇主的竞争对手那里，收集有关他们经营方式的重要资料，这对于胜任未来理想职位非常重要。这份计划提出的七八项绝佳建议都符合未来雇主的用途和利益。

## 未必从最底层开始做起

可能有人会提出质疑:“找一份工作要费这么大劲儿?”

这个女人的答案是:“要想把这件事做好，就绝不能嫌费劲儿!”要知道在这个女人制订的计划的帮助下，她的儿子只面试了一次就顺利找到了所申请的工作，而且薪水完全符合他的要求。

另外，还应该注意一个要点——这个职位不要求他从最底层开始做起。他最初就担任初级主管，领主管级薪水。

“为什么要这么费劲儿?”

有计划的求职方式使这个年轻人至少节约了10年时间，否则他无法逃脱“从最底层开始做起”的命运。

这位青年人节省10年时间的秘密就在他申请工作时所用的经过策划的自我推荐书中。如果他“从基层开始往上发展和升职”，一定要用10年的时间才能达到他一开始就获得的职务，而且前提是运气不错。

似乎“从基层干起，慢慢往上爬”的观念很有道理，我不赞成这种做法的原因是，有太多从基层做起的人，永远找不到机会展现自己并让人发现自己，因此，他们中的大部分一直在基层职位停留。另外，还应该认识到，从基层观点看问题，往往是令人泄气而沮丧的，一个人的雄心壮志很容易不了了之。

我们所说的“听天由命”，也就是不作为的意思，因为我们形成了日常习惯，而且这是一种根深蒂固的想法，使我们不再想努力摆脱它、摒弃它。之所以有必要跨越一两个级别起步，也有这方面的因素。这样做，我们就养成了关注身边事情的习惯，因而会去观察他人如何进步、如何发现机会，并且没有任何迟疑地抓住机会。

## 让不满成为一种力量

丹·哈宾的例子最能解释我的观点。大学时期，他是 1930 年著名的全国冠军橄榄球队圣母队的经理，当时是诺特·洛肯指挥球队的教练。

哈宾大学毕业时，经济并不繁荣，经济大萧条使工作非常难找。因此，他浪费了一段时间投资银行业和电影业，后来接受了一份工作——以抽取佣金的方式推销电子助听器，这是他自己寻找的第一份有前途的工作。哈宾知道，任何人都可以从这种工作干起，不过这份工作为他打开了机会的大门。

他浪费了两年时间做着一份自己并不喜欢的工作，他可能永远都不会有所提高了，他一定要对这种不满采取对策。首先，他成功地坐上了自己瞄准的公司销售经理助理的职位。跨上那一步后，他的优势要比一般人强些，因而能够看到更大的机会。不但如此，这个职位也让机会看到了他。

他销售助听器的纪录非常高，甚至连与他们公司有竞争关系的“侦听器产品公司”董事长安德鲁斯都注意到了他的表现。安德鲁斯想知道这个能从历史悠久的侦听器公司抢走大量生意的哈宾究竟是个什么样的人。他招来哈宾，两人进行了一次谈话，后来哈宾变成了侦听器公司新的销售经理，主管“侦听器部门”的业务。然后，安德鲁斯到佛罗里达州去了 3 个月，目的是测试青年哈宾的性格，他让哈宾在他的新工作中自由发挥。哈宾没有消沉！诺特·洛肯有一股“世界只爱胜利者，无暇顾及失败者”的精神，这股精神鼓励着他，使他在他的工作中付出了所有的努力，并因此而被推选为公司的副总经理。哈宾用了 6 个多月的时间走上的岗位，是大多数人 10 年的忠诚工作才会获得的岗位。

我要通过这个故事强调一点，无论是攀登高位还是屈居低位，如果我们想要控制，那么这些情况都是我们能控制的。

## 同事是宝贵资源

我还要强调另一点：一个人行为习惯的直接结果就体现在他的成功和失败上！我深信，哈宾与美国最伟大的足球教练朝夕相处，他的大脑中已经长出了出人头地的欲望，在这种欲望的激励下，圣母足球队举世闻名。只要你所崇拜的是一个胜利者，崇拜英雄对你就是有益的，这一点完全正确。

我认为，与人共事这项因素非常重要，不管是在成功中还是在失败中。我对这个理论非常有信心，我儿子布莱尔与丹·哈宾议定职位一事验证了这个理论。哈宾先生提供给他的起薪只是另一家对手公司的一半。我用父亲的身份施加压力，并诱导儿子接受与哈宾先生一起工作，因为我相信，和一个拒绝与逆境妥协的人共事、密切接触，这项财富是永远都不能用金钱衡量的。

对于任何人来说，低层职位都是单调、沉闷、收益微薄的。因此，我要用一定的篇幅说明如何借着适当的计划，避免从低层干起。

## 靠专门知识可使创意有收获

为儿子制订“出售个人服务计划”的这位女性，正在接受全国各地的邀请，大家都希望她能为想要出售个人服务以换取金钱的人们拟订类似的自我推销计划。

不要以为她的计划只是简单而巧妙的推销术，她不只是凭借这些计划帮助人们付出与以往相的同劳动而获取更多的报酬。实际上，个人服务买方与卖方的利益都要兼顾，而且要根据这一目标拟订计划，雇主才能得到对得起他支付的薪酬的人才。

如果你的想象力很丰富，而且想为你的个人服务寻求收入更丰厚的出路，那么，你一直在寻找的激励物可能就是这个提示。一个构想所能带来的丰厚收益，甚至高过那些需要接受好几年大学教育的“普通”医生、律师或工程师的收入。

一个好的创意是无价的！

专业知识是所有创意背后的支柱。那些没有找到大量财富的人，拥有更多专业知识，却缺乏创业的好构想，这真是一件憾事。正是基于这一事实，帮助人们顺利出售个人服务的人才有了广泛的需求，而且这一需求仍在持续增长。

能力意味着想象力，它能使创业创意与专业知识相结合，形成合理的计划，从而获得财富。

假如你的想象力很丰富，那么这一章介绍的创意，足够成为你追求渴望之财富的起点。要知道，创新构想难求，专业知识随处可得！

# 第 6 章
# 想象力

## 智慧的工厂——致富第五步

实际上，想象力就像个工厂，这里创造出了人类的所有计划。欲望的冲动借助想象力的力量形成、塑造并被赋予行动。

据说人们所想象出来的东西都可以创造出来。

人类在过去50年间借助想象力探索和驾驭自然力量，比此前全部人类历史时期的总和还要多。例如，人类已经完全征服了天空，甚至比鸟类的飞行本领还要高。在数百万英里之外，人类就能分析并测量太阳的重量，运用想象力测定出太阳的组成成分。另外，人类还提高了移动速度，现在能以每小时600英里以上的速度旅行。

在一定的范围内，开发和使用想象力是人类唯一的局限，不过人类想象力的开发和使用还远远未到极限。人类只是发现了自己的想象力，并且开始以其最基本的方式来应用它而已。

## 两种想象力

根据功能的不同，想象力可以分为两种：一是"综合型想象力"，二是"创造型想象力"。

综合型想象力：人可以通过这种能力，将旧的设想、观念或计划重整为新的组合。这项能力只是将所吸收的经验、教育和观察作为材料，而没有"创造"的意思。这种能力是发明家最常使用的，但有一些"天才"是例外，用综合型想象力无法解决的问题，可以利用创造型想象力解决。

创造型想象力：通过创造型想象力，人类的智慧可以无限拓展。"灵感"和"预感"就是通过这种能力取得的。这种能力也是产生所有的基本构想或新构想的来源。

创造型想象力是自动产生的。如果思维在紧张地工作，并受到欲望的强烈刺激，它便会自然而然地产生作用。

在使用过程中，创造力越得到开发，它就越敏锐。

商界、工业界和金融界的领导人物，以及艺术家、诗人和作家，正是因为发挥了创造型想象力，才成为了伟大的人物。

在不断使用想象力的过程中，综合型想象力和创造型想象力的灵敏度都得以开发，就像人体的肌肉与器官越用越发达一样。

欲望只是一种模糊而且短暂的意念和冲动。在转变为实质等价物以前，它没有任何价值，它是抽象的。在将欲望转化为金钱的过程中，最经常被使用的是综合型想象力，但一定要牢记，你也会面临需要创造型想象力的情况和环境。

## 训练想象力

缺乏活动可能会导致想象力的衰退，但想象力也会因使用而复苏，并变得灵敏。如果长时间不使用想象力，它就可能沉浸下来，但不会消失。

集中发展综合型想象力是当务之急，因为这是化欲望为金钱的过程中比较常用的能力。

需要制订一个或多个计划，才能把看不见、摸不着的欲望冲动转化为具体、真实的事实、金钱，这些必须凭借想象力才能形成计划，而综合型想象力是最主要的。

阅读完整本书以后，回到这章来，马上开始运用想象力制订一个或多个计划，以便化欲望为财富。几乎在每一章中都有描述构筑计划的详细摘要。接下来，假如你还没有行动的话，立刻采取行动去实行最合乎你需要的指示，并将计划写成文字。做完这一条以后，你模糊的欲望已有具体的形式了。再读一遍上面的语句。大声而且缓慢地念出来，这么做时，请记住，在你将欲望声明和实际计划写成文字时，其实已经迈出了第一步，这将使你能够化意念为实质的等价物。

## 致富法则

你本人、你生活的世界和其他物质，都是演变进化的结果。细微的物质在进化过程中，按照井然有序的方式被组织和排列。

还有一点，这一点更加重要，这个地球、你身上数十亿细胞中的每一个细胞及组成物质的原子，都来自一种无形的能量。

欲望是一种意念冲动！意念冲动是一种能量形式！

当你开始有意念冲动、欲望，想去积累财富时，你就是在使用一种难以形容的“物质”，这种物质和大自然创造出地球及宇宙万物，包括使你的意念冲动产生作用的头脑与身体，所用的物质是一样的。

运用永恒不变的法则可以创造财富。但第一步是熟悉并学会使用这些原则。作者希望从各个可能的角度不断重复，讲述积累所有大量财富共同使用的奥秘。这个“奥秘”不是什么秘密，虽然看起来似是而非而又非常神奇。大自然本身就揭示了这个真理。在我们居住的地球上，我们身外的元素、天上的星座、天空中肉眼可以看到的行星、每一片叶子以及举目所见的各种生命形式，都是如此。

下面的原理将丰富你对想象力的理解。第一次阅读这一原理时，你以前的认识会融入进来，在接下来的阅读和理解中，你会发现自己的思路更清晰了，甚至对它有一个全面的理解。最重要的是，在你阅读这些原理时不要迟疑，也不要中断，直到将此书至少读过三遍以后，你自然就放不下了。

## 如何使用想象力

所有财富的起点都是设想，设想也是想象力的产物。我们一起来研究一些带来巨额财富的知名设想，希望这些例子能传达一些相关的信息，教我们使用想象力积累财富的方法。

## 魔法壶

50年前，一个农村老医生驾着马车来到镇上。拴好马后，他悄悄从后门溜进药房，开始和年轻的药店雇员“做买卖”。

这位医生和伙计在柜台后面小声地谈了一个多小时。医生出去后来到马车上，取下一根大木片（用于搅和锅内的东西）和一口黑色的大旧锅。

药店职员检查过茶壶后，把手伸进口袋，取出一把钞票交给医生。那卷钞票相当于雇员的全部积蓄——整整500美元。

医生交给他一张便条，上面写着一则秘密药方。虽然纸上所写的文字不值钱，但本质上是千金不换的东西！那些神奇的文字描述了怎样使茶壶沸腾，但壶里能流溢出什么惊人的财富吗？医师和年轻的职员都不知道。

医生很乐意出售那一套设备，只要500美元。雇员将毕生所有的积蓄押注在一张小纸片和一个老茶壶上，他愿意冒险！他的投资会使一个老茶壶生出黄金，这种神奇的效果甚至超过阿拉丁的神灯，这是做梦都不敢想的事。

可以说，小店伙计“真正购买的”乃是一个创意！

老茶壶、木勺和纸上的秘密信息都是偶然的。茶壶新主人在秘方中加入了一种老医生全然不知的成分后，奇迹发生了。

年轻人究竟在那个秘密信息里面添加了什么东西，而使得茶壶满溢出黄金来，你能不能想到？你在此所看到的故事是真实的，虽然它们看来比虚构的故事更离奇，是源自“构想”的事实。

我们来研究一番这个构想所产生的惊人财富。老茶壶曾经很值钱，现在也是如此。

这个旧锅发展到现在，成为世界上最大的食糖消费者之一，它提供了千万个固定的职业岗位，比如种植甘蔗、炼糖及食糖推销等工作。

大批玻璃工人借此得到了就业机会，因为这只老茶壶每年消费数以百万计的玻璃瓶。

通过老茶壶得到就业机会的还有大量的美国店员、速记员、广告撰稿人及广告专家。几十位艺术家创造出精美的图片，描述产品的特点，最终名利双收。

老茶壶使一个南方小城摇身一变成为南部的商业大城市，现在这个城市的各行各业，以及每一位居民都从中获利。

这个创意的影响非常大，世界上的所有文明国家都从中受益。那些接触到它的人不断积累起自己的财富。

老茶壶的财富用于成立并运营了一所学校，它是南部地区最卓越的学校之一，在那里接受成功必备的培训的年轻学子成千上万。

如果那只老茶壶里的东西有说话的能力，它一定会用各种语言说出令人激动的浪漫故事，诸如商业传奇、爱情罗曼史及每天受到它激励的职场男女的激荡故事等。

因为作者便是故事的主角之一，所以作者至少可以确认其中的一件罗曼史。故事在离药房职员购买老茶壶的地点不远之处发生，作者就是在此遇到人生伴侣，而且第一次听到魔法茶壶的故事。当作者向她求婚，要求她“不管好坏”全盘接受他的时候，他们正在喝那只老茶壶出产的产品。

不管你生活在哪里，不管你是谁，不管你从事的是什么职业，只要你每次看见“可口可乐”这样的字眼，你就应该记得这从一个简单的创意衍生了庞大的财富王国，记得那位药店伙计阿沙·甘德勒在秘方中掺进去的神秘成分，完全是想象力的结果！

休息一下，认真思考这个例子。

要知道，书中描述的致富步骤是一种媒介，通过这种媒介，可口可乐的影响力才扩散到每个城市、乡镇、村落以及世上数不尽的大街小巷。还要知道，任何你创造出来的构想，都可能和可口可乐一样“有用而又合理”，都有再次创造这种风行世界的饮料纪录的可能。

## 如果我有百万美元

下面这个故事证明了古人说的“有志者事竟成”的道理。我是从已故的、受人尊敬的教育家与传教士弗兰克·根绍鲁士那里听说这个故事的。

冈萨拉斯先生读大学时，发现我们的教育制度存在很多问题。他相信，如果自己当校长，必然可以解决这些问题。

他想实现自己的愿望，于是下定决心创建一所不必受制于传统的教育方式的新大学。

但至少要100万美元才能实现这个计划！他到哪里去筹集这笔钱呢？这位雄心勃勃的年轻牧师一直在思考这个问题。

但他好像没有办法解决。

他每天晚上睡觉时，每天早上起床时都想着这个问题。无论他到哪里，这个想法都一直伴随着他。他在心中想了又想，直到这个思想成为他魂牵梦萦的“意念”。

作为学者兼牧师，冈萨拉斯先生和任何成功人士一样，他发现起步的出发点是“明确的目标”。他还认为，当目标有一股炽烈的欲望支撑时，目标的明确性就会激发出激情、生机和能量。

他对这些道理都非常明白，但他就是不知道要怎样取得这100万美元。一般人在这种情况下，都会自然而然地选择放弃，并且说：“啊，算了，虽然我有一个好创意，但也没用，因为我永远也筹不到所需要的那100万美元。”大部分人确实会说这样的话，但冈萨拉斯可不是这么说的。他的所作所为都意义重大，因此，我现在郑重介绍他出场，由他亲口来说：

那是一个星期六的下午，我坐在房间里思考怎样筹到这笔钱，以及怎样实现我的愿望。我一直在想，想了快两年了，但我什么都没做，只是一直在想！

现在是时候行动了！

我当时就下定决心一定要在一周内获得所需的100万美元。用何种方法？我还不知道。我要在一定时间内获得这笔钱，这种决心才是重要的，而且我告诉你，就在我下定决心，要在规定的时间内获得那笔钱的一瞬间，我心里立刻升起一股强烈的信心，那是我从来没有过的经历。我内心似乎有个声音在说：“那笔钱一直都在等着你啊！你为何不早点下决心呢？”

事情就这样匆匆开始了。我打电话给报纸宣布我要在第二天早晨讲演，题目是“假如我有一百万美元会怎么做？”。

我立刻着手准备发言稿，不过说实话，这个任务并不难，因为我为这份发言稿已经做了两年的准备。

那晚，我早早地写好了发言稿，然后信心满满地上床睡觉，做了一个美梦，因为我看到自己已拥有那百万美元了。

第二天早上起床后，我进入浴室淋浴，又念了一遍讲演稿，并跪下来祈祷我的讲演能引起人们的注意，希望有人愿意为我提供这笔钱。

祈祷时，我再次感受到这笔钱一定会出现的信心。我带着一肚子兴奋走出来了，却忘了带发言稿，当我发现这一点的时候，已经站在讲坛上开始演讲了。

当时已经来不及回去拿了，不过忘记也是上天对我的恩赐！由于没有演讲稿，我的潜意识中自然出现了我所需要的数据。当我起身演讲时，我闭上双眼，集中精力述说我的梦想。我不只是对听众说而已，而且想象自己对着上帝说。我告诉他们，假如我手中有百万美元，我就可以利用它来实现我的梦想。我把心中的计划描述给他们听，那就是组建一所优良的教育机构，交给学生实用的知识，使学生的心灵得到发展。

当我讲完坐下来以后，有一个男子慢慢地从倒数第三排的座位上站了起来，并走向讲台。我不知道他想要干什么。他来到讲台上并伸出手说："我喜欢你的讲演，牧师。我相信如果你得到了100万美元，你就能做到你所说的事。为了证明我相信你和你的发言，我会给你100万美元，希望你明天早晨能到我的办公室来。我的姓名是菲利浦·阿莫尔。"

就这样，年轻的冈萨拉斯到了阿莫尔先生的办公室，拿到了100万美元。这笔钱被他用来建立了阿莫尔理工学院，也就是现在的伊利诺伊理工学院。

冈萨拉斯所需要的100万美元来自于他的设想，年轻的冈萨拉斯在心中酝酿了两年的梦想，就是这个设想的支柱。

这是一个重要的事实：他在内心中下定决心要得到这笔钱，在制订了行动计划之后的36个小时，就得到了这笔钱！

这个故事没有什么特别之处，年轻的冈萨拉斯想要获得100万美元的愿望是模糊的，甚至是渺茫的。在他之前或之后，有过类似念头的人成千上万。但是，他的特别之处在于：他在那个值得纪念的星期六，将模糊不清的想法具体化，明确地说出了"我要得到那100万美元，必须要在这一周内实现"！

不只如此，直到现在都还存在冈萨拉斯得到百万美元方式的原则！这是个普遍性法则，你也可以利用！直到今天，这项法则依然如当初年轻牧师应用它时一样有效。

## 构想如何变成金钱

阿瑟·甘德勒和法兰克·冈萨拉斯博士所具有的共同点，应该引起我们的注意。他们两人都了解一项惊人事实，即通过明确目标及明确计划之力，一种设想可以转化为财富。

假如你认为唯一的致富之路是辛苦工作和诚实守信，那么请务必放弃这个想法！这是一种错误的想法！大笔的财富并不只是凭借辛苦工作才能得到！如果可以获得财富，那么最终的财富是对明确需求的响应，其基础并非是仅靠运气和机会，而是运用明确的原则。

一般来说，意念是激发想象力并开始行动的思想冲动。所有善于推销的人都非常清楚，在商品无法推销的地方，意念却能出售。普通的推销员之所以普通，就是因为他们不明白这个道理。

一位廉价书出版商的发现，对一般的出版商应该也有很大的价值。他发现许多人不是为了书的内容买书，而是为了书名买书。只要将一本滞销书不太吸引人的书名略微修改，那本书的销售量即可飞升到百万册以上，哪怕书的内容仍然没变。他只不过是将印有不具卖点书名的封面撕下来，重新贴上了颇具“票房”效应的书名封面。

看起来这是一种非常简单的做法，其实这是一个设想，一种想象力！设想是没有标准价格的，完全凭借创作者自己定价，而且如果创作者足够聪明的话，也一定可以得到理想的价格。

基本上一切有关巨额财产的故事，都是从一位创意者和一位创意推销者之间的密切合作开始的。卡内基周围的人就是这种类型，他们互相合作，有的想创意，有的去实践，从而使自己与合作者取得惊人财富。

有好几百万人一辈子都等着幸运的“机会”。虽然好运的确能给人带来机会，但最可行的计划不能指望运气。一次幸运的确给我带来了人生的机会，但我们要坚持努力20年不松懈，才能使机会变成财富。

“机会”使我幸运地遇到安德鲁·卡内基，并和他合作。在这次交流中，卡内基在我心中植入一个设想——把成就原则整理为成功哲学。我用了20年时间研究这个问题，其实很多致富例子的起点都很简单，只不过是一个人创造出的构想。千万人在运用了成功哲学后受益匪浅。

好运是卡内基带给我们的，但明确的目标、实现目标的欲望、坚定的决心以及20年的持续努力来自哪里呢？在失望、暂时挫折、气馁、批评以及“白费时间”的一次次自我提醒面前，一般的欲望是不可能胜利的。那是一种强烈的欲望，一种盘踞在心头并且不会消散的意念！

当卡耐基先生最初在我的心中植入这个设想后，我就努力培育它、呵护它，让它不断生长。慢慢地，在其本身的力量下，构想长成了巨人，并反过来引导我、激励我、关照我。

这就是设想。最初是你赋予设想以生命力、行动和指导，然后，它们依靠自身的力量清理所有的阻碍。创意的力量大于产生它的大脑，这是一种无形的力量。当头脑归于尘土之后，创意却仍然存在。

# 第 7 章
# 精心策划

## 化欲望为行动——致富第六步

你已经知道，人们以欲望为基础，从而创造或获得某种东西，欲望是这一旅程的起点，从抽象到具体，然后进入想象力工作室。在这个工作室中，实现欲望的计划被创造出来，并在此得到了整理和组织。

本书第2章讲到了6个明确、具体的步骤，作为将欲望转化为金钱等价物的过程，其中一个步骤就是要制订一个或多个明确、具体的计划，通过这些计划实现转化过程。

现在，我要教你如何制订计划——制订具体的计划。

（1）为了制订和实现你积累财富的计划，你必须把自己与所需要的人结合在一起——在这里面，你要利用本书后面第10章中所讲述的原则（不要轻易忽略，这项指示务必要遵守）。

（2）先明确你可以为"智囊团"的成员提供某些好处或利益，以回报他们的合作。然后开始组建"智囊团"。谁都不愿意在没有任何报酬的情况下无限期服务，只要一个人还算聪明，就不会在无利可图的情况下指望或者要求他人为自己工作，当然你可以付出非金钱形式的报酬。

（3）每周至少两次或多次（可能的话）与"智囊团"成员碰面，直到你们同心协力完成一项或多项致富计划为止。

务必记住以下事实——

**①你正在从事的工作对你很重要。要确保成功，你的计划不能存在任何不足。**

**②你必须借助他人的经验、教育、才能与想象力。每一个成功致富的人都曾经采用过这种方法。**

没有人能拥有足够的知识、经验、天分才能与想象力，因此，也就不能在没有别人合作的情况下积累起巨大的财富。当你着手积累自己的财富时，你应该和“智囊团”中的成员一同敲定所采用的每个计划。你必须让“智囊团”中的成员审查并同意采用你的计划。

## 第一个计划失败——再制订一个

如果你采用的第一个计划失败了，再制订一个新计划，如果新计划仍然没有成功，那么再换一个，一直到找出有效的计划为止。大部分人之所以遭遇失败，就是因为缺乏创造新计划来取代失败计划的持久毅力。

不管一个人多么聪明，只要他没有实际有效的计划，就无法成功致富或完成其他某项事业。要把这个事实牢牢地记在心里，而且要记住，即使你的计划没有成功，短暂的挫折也并不代表永远的失败。这只能说明你的计划还不够完善。再制订一个计划，重新开始。

上百万的人缺乏致富的完善计划，所以他们一生不幸、贫穷。

你的成就之大不可能胜过计划的完美。

詹姆士 · 希尔最开始努力筹集资金，为建造横贯东西部的铁路做准备时，也曾遭遇短暂挫折，不过他后来采用了新的计划，并且取得了成功。

亨利 · 福特不只在汽车事业之初，甚至在事业达到顶峰的时候，也曾遭遇过暂时的挫折，但他在制订了新的计划以后，事业越来越成功。

看到别人发财致富时，我们基本上只看到他们的成功，他们在成功前克服的各种挫折，却大都被我们忽略了。

支持成功哲学的人，总需经历一些“短暂的失败”，才能自然而然地期望致富。要把失败看作一种警示，说明你的计划还不够完美，只要再重新拟订计划，你便可以再度奋起，奔向你期待的目标。假如你在达成目标前就放弃，你便是个“半途而废的人”。

“一个半途而废的人，是绝对不会成功的；成功的人，决不会半途而废。”把这句话用大字写在纸上，放在早晨上班、晚上睡觉前都看得到的地方。

在选择“智囊团”成员的时候，设法挑那些不畏惧失败的人。

有些人愚蠢地认为，只有钱才能赚钱，这是不对的！

通过书中的原则，欲望能转化为金钱，所以赚钱的媒介是欲望。从本质上来说，钱只不过是无生命的物质。它不会思考、不会动，也不会说话，但当一个人强烈渴望得到它、召唤它时，它却能“听得到”，并且给你反应。

## 规划个人服务的推销

所有想要成功赚钱的行业，都需要一份精妙的计划。对于必须借着推销个人服务来赚钱的人，这里有一些具体的指示。

你要知道，从本质上来说，所有积累巨额财富的人，都从推销设想或提供个人服务而取得酬劳开始。如果一个人没有财产，那他能做什么呢？只能是出卖个人服务和设想以换取资金。

## 英雄不怕出身低

总的来说，世界上有两种人，一是领导者，二是追随者。在选择行业之初就要决定是要做一名领导者，还是要做一名追随者。两者之间的报酬相差甚远，虽然许多追随者都期望得到与领导者平起平坐的报酬，但他们都想错了，这是永远不会出现的结果。

做一名追随者并不可耻，但一直都当追随者就丢人了。大部分领导者在最初也都是追随者。他们是聪明的追随者，所以才成为了领导者。无法聪明地追随领导者的人，基本上都无法成为有力的领导者；能有效追随、学习领导者的人，则通常能迅速培养自己的领导才能。聪明的追随者有很多优势，其中就包括向领导者学习的机会。

## 成为领导的条件

以下是成为领导者的重要因素：

（1）对自我及所从事职业的认识而产生的勇气是非常坚定的。任何一位追随者都不会愿意接受一个缺乏自信与勇气的领导者的调遣。若是追随者足够聪明，就不会长期受这种领导者的调遣。

（2）自制力。一个人要是不能控制自己，就永远都不能控制别人。自制力可以为跟随者树立有力的榜样，聪明的人会努力学习这种做法。

（3）强烈的正义感。如果不存在公平与正义感，领导者就不能得到追随者的尊重，也就无法命令他们。

（4）迅速决策。一个人若是犹犹豫豫地做决策，就说明他对自己没有信心，也不可能成功地领导别人。

（5）具体的计划。成功的领导者必须规划工作，并付诸实践。如果领导者没有明确而具体的计划，只能根据猜测行事，就好比一艘无舵的航船，触礁是早晚的事。

（6）超越报酬的工作习惯。领导者必然会遇到这种结果，他做的要比要求手下做的多，他必须愿意以身作则。

（7）温和愉快的个性。一个轻率、懒散的人不会成为成功的领导者。领导权需要得到尊重。不重视培养随和个性的人得不到部下的尊重。

（8）理解和同情。成功的领袖必须同情他的追随者，所以领导者一定要对下属及其他人所遇到的困难有所理解。

（9）掌握细节。成功的领导者需要掌握领导职位涉及的多种细节。

（10）愿意承担全部责任。成功的领导者必须愿意为部属所犯的错误及缺失担负全责。假如他推脱责任，他就不能保住领导权。假如下属犯了错误并无能胜任，领导者就必须认为自己有错误。

（11）合作。成功的领导者必须明白和运用团队合作的原则，还要引导下属使用这些原则。领导地位需要权力，而权力依赖于合作。

领导方式有两种。第一种是能引起部下情感共鸣与认可的领导，这种领导方式是最有效的。第二种是无法引起部下情感共鸣和认可的强势的领导。

历史上的诸多例子已证明，强势领导权不会持久。最明显的例子就是帝王与独裁者的没落与消亡，这说明人们不会无限期地麻木听从强势领导。

拿破仑、墨索里尼、希特勒等人就是强势领导的例子。他们的领导权已经不在了。唯一能永久保持的领导方式，就是追随者认同的领导方式。

人们可能会暂时服从强势的领导，但他们不会发自内心地顺从。

新式领导权将涵盖本章所描述的11项因素及其他的一些因素。以这些因素为基础建立领导权的人，在各行各业中将会得到丰富的领导机会。

## 领导失败的10大原因

我们现在来探讨一下导致领导失败的10项失误，因为知道不该做什么与该做什么是一样重要的。

（1）无力控制细节。高效领导要有能力组织和控制细节。真正的领导者决不会因为“太忙”而无法完成领导者分内的工作。不管是领导者还是下属，如果他承认自己“太忙”而无法改变计划，无法注意到某些紧急情况，就相当于承认自己无能。成功的领导必须能掌握所有与职位有关的细节。当然，这就意味着他必须培养将事务向下分工的习惯。

（2）不愿从事低级工作。真正伟大的领导者会根据实际情况，自愿从事所有他要求下属完成的工作。精干的领导者会注意且仅遵这个真理：“你们当中最伟大的，就是成为众人之仆”。

（3）光说不做。在世界上，言而不行者是不会得到报酬的。只有那些肯身体力行的人能得到报酬，这样的人能领导、督促一同工作的人。

（4）害怕下属比自己强。事实上，这种领导者早晚会让恐惧成为现实。能干的领导者会培养接手的人，并且乐意将此职位的任何细节交给他处理。只有这样，领导者才可能同时注意到多项事务，并且分身掌握多处细节。这是一个永恒的事实：有能力托付他人事情的人所得到的报酬往往比事必躬亲的人得到的报酬丰厚。有能力的领导者可以大大提高他人的工作效率，他们善于利用自己的工作知识和人格魅力，而且能够指导别人提供远远大于、优于没有得到指导之前水平的服务。

（5）缺乏想象力。一位领袖没有想象力就没有制订有效的计划、应对紧急情况及指导部下的能力。

（6）自私。拿着下属的工作而邀功、揽功的领导者必定招致怨恨。真正伟大的领导者不会邀功。他知道，多数人会因为赞赏和肯定而努力工作，而这种努力的程度远远大于纯粹为金钱而工作的程度，所以他愿意将任何荣耀归于部下。

（7）放纵无度。部属不会敬重一个放纵无度的领导者。此外，耽溺者的耐力与活力会被任何一种放纵破坏。

（8）不忠。我认为这一点应该列在清单第一位。如果领导者不能对公司、同事（包括上司和部下）忠诚的话，他的领导地位是不能长久的。不忠的人使自己变得还不如粪土，且注定会受到鄙视，在各行各业中，不忠都是失败的主要原因。

（9）过于强调权威。有能力的领导者并不把恐惧感强加到下属的心中，而都是用鼓励的方法来进行领导。凡是只想用权威来领导部属的领导者，往往都是接近于强势的。一位真正的领袖，除了以身作则——如他的谅解、同情、公平及有能力承担工作之外，没有必要宣扬自己的权威。

（10）看重称号。能干的领导者不需“称号”就可以赢得下属对他的尊敬。一个人可能没有什么值得夸耀的，所以才会太注重称号。真正的领导者的办公室不拘形式、朴实无华，随时对想进去的人开放。

以上是一些常见的领导失败的原因，其中任何一项都可能导致失败。假如你有要当领导者的决心，那么仔细研究这份清单，并保证自己不会犯这些错误。

## 需要“新领导”的富饶领域

在结束本章之前，请再注意这几个潜在的领域。在这些领域中，旧的领导方式渐趋过时，新型领导者有着大量的机会。

（1）在政治领域中，对新领袖的需求已到了迫切的程度。

（2）银行业正处于改革的浪潮中。

（3）工业界需要新领导者，未来在工业界能持久地领导，其职责在于以不会引起个人或团体痛苦的方式来管理企业，并且必须把自己看作半公共性质的公务员。

（4）法律、医学和教育界将需要新型领导风格，从某种程度上来说，还

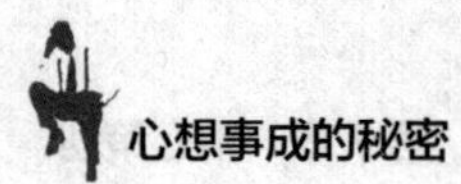


需要新的领导者，特别是教育界。未来教育界的领导者必须寻找有效的方法，教育人们怎样“应用”在学校所学的知识。教育必须少讲理论，多讲实践。

（5）新闻界也将需要新型领导者。

这只是部分需要新领袖的领域。世界正处在快速的转变之中，这说明人必须要尽快改变习惯。在这些转变之中决定着文明的新方向。

## 应聘职位的时机和方法

多年经验的成果汇集成了以下数据，并已经有效地帮助过成千上万的人推销他们的服务。经验证明，以下媒介是最直接、最有效的渠道，它让个人服务的买卖双方都满足自己的需要。

（1）职业介绍中介。要选择信誉良好的介绍所，所选择的经理人要能够提出足够满意的成果记录。不过，目前这种介绍所较少。

（2）广告。在报纸、职业刊物和杂志上登广告，对普通工作或谋求文书的人来说，所取得的效果基本都很满意。如果你是在谋求经理级职务的人，则要准备特殊排印的广告，登在你所寻找的雇主注意得到的地方。由专家来执笔刊登广告，他们知道怎样增加一些能吸引人的内容，以获得雇主的青睐。

（3）个人求职信。这种信通常写给最有可能需要你提供服务的对象，也就是特定的个人或公司。这些信应该整洁地打印出来，并亲自签名。随信应附上求职者的资历摘要或完整的“简历”。最好由专家为你准备求职信和简历（参看“简介中应该列入的内容”）。

（4）通过熟人求职。如果有可能，应聘者应尽量通过共同的熟人接触未来可能的雇主。对于那些想要寻找主管职位，但又不愿意“叫卖”自己的人来说，这种方法非常有利。

（5）自荐。有时候，求职者若毛遂自荐，主动表示愿意替可能的雇主工作，可能是一种更有效的途径，因为雇主通常喜欢和同僚讨论求职者的记录，所以这时应附上一份完整的书面简历。

## 简介中应该列入的内容

应该精心准备简历，就像律师为即将在法庭上审理的案子那样仔细准备。最好请教专家，通过专家的服务达到求职目的，除非求职者本身有准备这种简历的经验。成功的商人会雇用懂得广告艺术及心理的人，以表现商品的优点。同理，推销个人服务也是如此。简历中应该包含以下信息：

（一）教育状况。简介明了地描述你曾受过的学校教育，以及你在学校中擅长的专业及成绩。

（二）工作经历。假如有与目前应聘职位相关的经历，请作出完整的描述，并写明以前雇主的姓名和地址。记住，如果你的特殊经验胜任应聘的职位，请清楚地写出。

（三）推荐信。事实上，每个公司都希望对可能受雇担负责任的员工有所了解，想知道这些员工过去所有的记录、经历等信息。在简历内附上来自以下人士的影印信函：

1. 以前的雇主。

2. 教过你的老师。

3. 判断力值得相信的著名人士。

4. 本人照片。附上一张本人免冠近照。

5. 申请一个特定职务。申请职务时，务必说明你要申请什么职务。申请“任一工作”，说明你没有专长，这一点要坚决避免。

6. 列举你胜任某个职位的经验。详细列举出自己认为能够适合该特定职位的理由，申请表中最为重要的细节莫过于此，这是最能决定你被重视的程度的内容。

7. 提议接受试用。这看起来是个很简单的建议，但经验表明，它经常能赢得一个试用的机会。假如你对自己的经历信心满满，那么你就只需要试用了。顺便告诉你，这样的提议表示你有胜任应聘工作的自信和能力，这也是最具说服力的一点。确认你的提议以以下几点为基础：

（1）你深信你有胜任此项职务的能力。

（2）相信这位可能的雇主在试用后会雇用你。

（3）取得这一职位的决心。

8. 了解你未来雇主的企业。在申请一个职务前，要充分研究和了解与该企业有关的事项，以使你完全熟悉该企业，并在简介中注明你在这方面已具备了充足的知识。这说明你对于自己所求的职业存在真正的兴趣。

记住，最懂法律的律师不一定能赢得官司，对案子准备最充分的律师才是赢家。如果你适当地准备并充分地陈述理由，那么在最开始你就取得了一半成功。

别担心你准备的简历太长。雇主对于选择合格的求职者来工作所花费的精力和你为了获得工作而花费的精力一样多。实际上，最成功的雇主，其成功之处主要是他们有能力挑选出合格的助手。他们当然会想要所有可得到的信息。

此外不要忘记这一点：一份整洁美观的简历，足以说明你是个做事细心、愿意花时间的人。我曾帮几位客户准备过简历，这些简历非常精彩，应聘者不需面谈就获得了工作。

完成简介后，你要把简历装订整齐，并在封面上写上以下格式的标题：

个人资格简历

申请人：罗伯特·史密斯

拟聘职位：布兰克公司总裁私人秘书

每次向不同的公司应聘，都要修改职位的名称。

人们一定会注意到明确应聘公司名称的做法。把简历清楚地打印在纸上，做一个活页封面，如果应聘的不止是一个公司，就可以把公司的名称换了。在简历上贴上照片。严格地执行这些要求，并且根据自己的想象力进一步丰富简历。

成功的推销员最讲究修饰。他们知道最初的形象会给人留下深刻的印象。你的简介就是你的推销员。给它穿上一身漂亮的衣服，让你的雇主觉得他从未见过如此精彩的简介，你值得这样做。如果你因此而给未来的雇主留下了一个良好的印象，那么你能得到的工薪很可能远远高于用传统方法求职的人。

如果你通过广告代理或职业介绍中介应聘工作，那么请代理人用你的简历来销售你的服务，这样会为你得到来自代理人与未来可能之雇主双方的好感。

## 如何得到理想的职位

每个人都想做适合自己的工作。手工艺者喜欢动手，画家喜欢涂抹颜色，作家喜欢写作。缺少这些天分的人则对工商业情有独钟。现代社会的优点就在于它提供了广泛的就业选择，生产、耕作、营销还有其他专门职业。

（1）明确决定你想要何种工作。假如这种工作尚未存在，或许你可以自创一个。

（2）明确自己想在什么公司或为哪个人工作。

（3）研究你的未来雇主、有关他的政策、人事及晋升的机会等。

（4）通过自我剖析，分析自己的天分和能力，明确自己能做什么，然后设法展示你自认为可以成功提供的个人优势、服务和构想。

（5）不要只想有个“工作”。不要想是否有机会，不要抱有“你可以给我一份工作吗”这样的惯常想法。应该关注自己能做什么。

（6）一旦你心中形成了计划，便要找一位有经验的人执笔，将计划整洁而详细地书写成文。

（7）把计划递交给有权雇用你的人，剩下的事就由他来决定了。每个公司都希望得到有价值的人才，不管是提供构想、服务还是提供“关系”的人。

这一套步骤可能要多花数天或数星期的时间，但因此所造成的在收入、晋升与获得肯定方面的差异，将为你节省数年的苦工。它有多项好处，主要的一项就是，它通常可节省一到五年的时间，就达到了选定的目标。

每个一开始就这样做或者“半路”采取这种做法的人，经过精心策划，也会取得事半功倍的效果。

## 销售服务的新方式

不管是谁，都要了解雇主关系的变化，这样才能更好地推销自己的服务。未来雇主和雇员间的关系，将向合伙者的方向发展。这里有三个主体：

（1）雇主

（2）员工。

（3）他们服务的对象。

之所以说这种个人推销的方法是新方法，原因有很多。第一，未来的雇主和雇员可被看作是合作伙伴，他们共同的事业是有效地为大众服务。曾经的雇主与雇员之间总是斤斤计较、水火不容，他们没有想过，从根本上说他们各不相让的受害者是第三方，也就是大众，是他们共同的服务对象。

当今商品买卖的口号是“礼貌”和“服务”，它适用于推销个人服务者的情况，比适用于他所服务的雇主更直接，因为从整体上来说，雇主与员工两者皆受雇于他们共同服务的大众，如果他们无法提供好的服务，那么他们将付出失去服务的权利的代价。

我们都还记得曾经有一段时期，检查煤气的人在敲门的时候非常用力，好像要把门打碎似的。在门打开后，他们不管有没有受到邀请，便直接闯进来，看起来很不情愿，好像在说：“为什么让我等那么长时间？”这一切在今天已经变了，现在煤气检查员变得乐于为人们服务了，他们的行为好像一位绅士。在煤气公司还没有发现他们满脸气愤的检查员正在为顾客积累永远抹不掉的恶劣印象时，那些客气的汽油炉推销员却乘机做了大笔的生意。

大萧条时期，我有几个月住在宾夕法尼亚无烟煤区，研究煤炭工业衰败的原因。煤矿经营者与雇员针锋相对，导致煤炭的价格被提高。最后他们终于发现，自己为原油产销者和燃油设备的制造商带来了惊人的业务。

提出这些例子的目的是让那些计划销售个人服务者注意到，我们自己的行为是我们成就目前这种身份，或得到目前的地位的原因！如果商业、财政和运输交通由因果原则操纵，那么类似的原则也能操纵个人，并决定他们的经济地位。

## 你的“QQS”评价如何

我们已清楚地说明在有效而长期推销服务这方面。有哪些成功的原因。必须研究、分析、理解和应用那些原因，不然就不可能有效而长期地推销个人服务。每个人都必须做自己个人服务的推销员，在很大程度上，一个人所提供服务的质、量和服务中表现出的精神，决定了他的工资和受雇期限。

要有效推销个人服务（即在得到舒心的工作环境和满意的工资前提下，长期被雇用），就必须采用并遵循“QQS”公式，即质量（Quality)、数量（Quantity）和适当的合作精神（Spirit)，组合起来等于完美的服务推销术。记住“QQS”公式，并进一步把它变成一种习惯！为了准确理解这个公式的含义，我们对这个公式进行分析。

（1）质。服务的质应理解为：凡是与你的职务相关的每项工作，不管有多么微小，你都要拿出最有效的途径去解决，得精益求精的目标始终铭记在心。

（2）服务数量应该理解为一种随时提供力所能及的服务的习惯，最终目标是提高服务数量，通过实践和经验培养更高的技能。这里的重点仍然是“习惯”二字。

（3）服务的“精神”则应解释为一种舒心、和谐的行为习惯，它能促进同事和部门之间的合作。

想要你的服务维持长久的市场，不止需要足够的服务质量与数量。决定你的薪水与工作能否持久的重要因素，是你提供服务的行为或精神。

卡内基特别强调一些成功地为他人服务的因素，他一而再地强调合作的必要性。他还强调，无论一个人的工作量有多大、工作质量有多好，但只有在和谐的精神下工作，他才能得到高收益。卡内基坚持要做一个友善的人，他证明说，他曾使许多这样做的人变得非常富有，而另外一些人不可能。

关于舒心的个性的重要性，我们已经强调过了，因为这个因素能使人愉快而激情地为他人提供服务。

如果一个人具有令人舒心的个性，且能以友善的精神提供服务，他所提供的服务在质与量上的不足可以经过这些资产得以弥补。总而言之，没有任何东西能成功地替代令人舒服的行为。

## 服务的资本价值

如果一个人的收入完全来自推销个人服务，那么他和贩卖商品的商人没有任何区别，而且，这种人遵循的规则和贩卖商品的商人也完全一样。

大部分通过销售个人服务为生的人，错误地认为他们不必遵守属于贩卖商品者的行为规范与责任，所以作者一直强调这点。

消极推销的时代大势已去，积极的服务型推销将要取而代之。

你创造的收入（通过出售自己的服务）可能决定了大脑的实际资本价值。年收入可以估计为资本价值的 6%，因此，年收入乘以 16.66，就是服务的资本价值。金钱只占 6% 的份额。金钱的价值通常低得多，它的价值比不上大脑的价值。

如果有效销售你精干的头脑，那么它所表现的资本形式，比推销商品所需的资本更有价值，因为就算经济不景气，“头脑”也永远都不会贬值，不会被窃取，不可能成为浪费的资本。

此外，如果没有有效地“头脑”相结合，经营事业必备的资本就会如沙丘般没有意义。

## 失败的31项主要原因

曾经努力地去奋斗但遭遇了失败的结果，估计人生的最大悲剧莫过于此。绝大多数人都遭遇过失败或正在失败，只有少数人成功了。

我曾分析过数千名对象，“失败者”占到了98%。

我的分析证实，导致失败的原因主要有31项，而人们得以致富的原则有13项。这一章将列举失败的31项主要原因。在你阅读这些条目时，用这些条目一一和自己的情况进行对照，以找出横亘在你与成功之间的失败因素有多少。

（1）先天不足。天生的智力缺陷是无法弥补的。好在，在31项失败因素里，这是唯一一项无法通过个人努力轻易弥补的缺陷。

（2）缺乏明确的人生目标。只要是没有明确的人生目标的人，就没有成功的希望。我曾分析过的100个人，其中没有目标的人有98个。估计他们失败的主要原因就在于此。

（3）没有非同一般的雄心壮志。我们认为，如果对凡事漠不关心，不想在人生中求发展，不愿付出代价，那么这样的人也将成功无望。

（4）教育程度不高。这是一种非常容易克服的障碍。经验表明，那些白手起家者或自我教育者，往往是最有涵养的人。一个人有教养，不仅仅需要大学学位。有涵养的人知道，怎样在不侵犯到他人权益的情况下，获得自己生命中想要的东西。知识的持续有效应用比知识的传授更重要，这就是教育的内涵。人之所以能得到报酬，主要是因为“行”所知的一切，而不仅仅是“知”。

（5）自律不足。纪律来源于对自我的控制。这说明人必须控制一切消极思想。只有先管制住自己，才能控制住环境。人类面对的最艰巨任务就是自制。如果连自我都无法战胜，那就只能被自我征服。一个人站在镜子前面时可以同时看到自己的最好朋友与最大敌人。

（6）健康不良。一个人如果没有健康的身体，是很难成功的。不健康的原因有：

①过度摄取对健康无益的食物。

②错误的思考习惯，总是持否定的态度。

③过度沉溺于性或不良性习惯。

④缺乏足够的身体锻炼。

⑤各种原因导致的新鲜空气供应不足。

（7）儿童时期环境的不利影响。“树苗不扶正，大树必歪斜。”成长的环境决定了孩子成为什么样的人。大部分有犯罪倾向的人都认为，童年时期不良的朋友和环境，是他们堕落到今日地步的原因。

（8）拖延。这是失败最普遍的原因之一。拖延存在于每个人心中的黑暗角落，寻找机会破坏一个人成功的机会。多数人一生都在等待“合适的时机”到来，再开始做那些值得做的事情，所以他们一直都没有成功。不要再等了，时机永远不会“合适”。现在就开始，先利用身边能得到的工具，而且中途还会遇到更好的工具。

（9）缺乏坚韧不拔的精神。很多人做事都是半途而废，有时候看到可能会失败就决定放弃了。坚韧不拔的精神是任何事物都不能替代的。以坚韧不拔的精神作为座右铭的人，会发现失败因此而去。在坚韧不拔的精神面前，失败毫无招架之力。

（10）消极的性格。有些人的性格消极，总是将别人拒于千里之外，他们是不可能成功的。成功来自力量的运用，而力量又来自与他人的协作。消极的性格无法促成协作。

（11）难以控制性冲动。性是驱策人类行动的刺激物中最有力的一项。所有情绪中最强烈的一种就是性，故应通过转化为其他的渠道，而对性进行控制。

（12）不能压制“不劳而获”的欲望。几百万人失败的根源都是投机取巧。1929 年华尔街股市大崩盘就是一个证明。据分析，在那次事件中，数百万人都抱着侥幸和投机的心理，想借着股票的买卖差额大赚一笔，但大都以破产告终。

（13）缺乏迅速的决断力。成功的人都能迅速果断地下定决心，并根据情况的变化而改变他的决策。失败的人常常要改变主意，而且在做决定时基本都非常迟缓，其实犹豫不决和拖沓是双胞兄弟，只要看见一个，就会找到另一个。

（14）有六种基本恐惧中的一种或多种。本书第15 章将专门分析这些恐惧。一定要控制这些恐惧，才能有效推销个人服务。

（15）配偶的选择失误。这也是失败的一个普遍原因。婚姻关系使人有亲密的接触。失败必然伴随着不和谐的婚姻关系而来。此外，婚姻失败所造成的不适和痛苦，将摧毁一个人的伟大抱负。

（16）过度小心。不主动抓住机会的人基本上只能捡别人捡剩下的机会。俗语说“过犹不及”，不管是不够小心，还是过度小心，都是没有任何益处的。人生本来就充满了各种偶然因素。

（17）选择了错误的合伙人。商业的失败原因以这点为多见。一个人在寻找雇主与事业伙伴时应当极其小心，他们应当是智慧型与诚实型的。

（18）偏见和迷信。迷信是无知的表现，也是恐惧的一种形式。成功人士无所畏惧，因为他们有宽广的心胸。

（19）入错行。谁都不能在自己不喜欢的事业上取得成功。销售个人服务最必要的步骤就是，先选择一个你愿意全身心投入的行业。

（20）目标不专一。“样样通，样样松。”要集中精力投入到一个主要目标上。

（21）花钱如流水。花钱没有节制的人无法过节俭的生活，他们是不可能成功的。要养成有计划的储蓄习惯，比如规定收入的固定比例作为储蓄。一个人在谋职时能否和雇主讨价还价，它的前提基本是你在银行里有没有存款。一个人如果没有钱，就只能被迫接受别人提供给他的任意工作。

（22）热情不足。没有热情的人是没有说服力的。而且，热情有一种感染力，对于一个拥有热情，并能适当控制热情的人来说，他们基本上都会受到人们的欢迎。

（23）偏执。心胸狭隘很难取得任何进步。偏执说明一个人在获取知识方面不积极。最有危害的偏执是涉及宗教、种族和不同政治观念的偏执。

（24）没有节制。最具有破坏性的放纵与饮食、性的活动有关。他们的事业会因为他过分沉溺在这些放纵里而受到致命打击，而且很难获得成功。

（25）不善于合作。多数人丧失生活中的位置和机遇，都是因为这个不足，而不是其他原因。任何明智的商人或领导者都不会容忍这个问题。

（26）拥有的权力不是自己努力得来的（如富人的孩子及其他继承所得到的财富就不是自己赚得的）。拥有非自己逐步得来的权力，也经常是成功的致命伤。相比于贫穷，速得的财富更加危险。

（27）故意不忠。诚实是一种不可替代的品质。在不能控制环境的时候，在被环境压迫的时候，一个人可能暂时不忠诚，这并不会带来永久的破坏。但是，如果一个人故意不忠，那就不能挽救了。他的行为迟早会被发现，失去信誉，甚至失去自由，可能就是他付出的代价。

（28）虚荣和自大。这些缺点好像是红灯一般，让人退避三舍，它们是成功的致命伤。

（29）只知道推测而不用脑子。多数人往往太过怠惰或者漠不关心，不愿费心获取用于准确思考的事实。他们喜欢根据猜测或仓促得出的“结论”做事。

（30）资本不足。第一次创业者经常因为资金不足而失败，由于他们没有足够资本缓解错误所带来的冲击，使他们一度无法渡过难关。他们必须建立适当的信誉，才能挺过这个关口。

（31）你还可以列出自己遇到过而在此没有列出的失败原因。

人生的悲剧表现为失败的这 31 项主要原因，那些努力过但遭遇失败的人切实品尝了这些人生悲剧。如果能请熟悉你的人与你共同研究这些失败因素，并与你的情况一一对比，那么很明显这对你很有帮助。如果由你自己来做的话，对你也是有一定助益的。多数人不会站在别人的立场上来评价自己，也许你也不例外。

## 你知道自己的价值吗

有一句古老的名言说："人，了解你自己！"你必须要了解自己的商品才能成功地推销出去。求职也是如此，必须了解自己的所有弱点，才能彻底消除，或者想出应对的策略。你应当了解和表达你的实力，才能在求职时吸引他人的注意。

一个年轻人向一家知名企业的经理申请工作时，就把不了解自己这一愚蠢的特点表现出来了。起初他给对方留下的印象非常好，经理问及他希望得到的工资时，他回答说没有确切的数目（目标不明确的缘故）。经理说："我们要试用你一周后，再决定你的工资。"

"我不同意！"应聘者回答："我希望的工资一定不能低于我现在任职的地方。"

在你打算跳槽或者开始谈判你现在的薪水时，你就应该相信你比现在的薪水更值钱。

索要金钱是一回事——没人不想得到更多——但是自己的价值完全是另一码事！很多人认为自己要求得到的就是自己的价值，其实这是一种错误的观点。其实个人的希望和经济要求与一个人的自身价值没有任何关系。你激励他人提供服务的能力，决定了你的价值。

## 自我分析

就像商品的年度盘点一样，为了有效推销个人服务，我们有必要每年都对自我进行一次分析。而且，年度分析应该表现为不断进步和缺点的改正。在人生的道路上，一个人不是原地不动，就是进步了，或者后退了。当然，一个人应该以不断前进为目标。年度分析应该体现是否取得了进步，在多大程度上是进步的，还应体现是否倒退了。有效推销个人服务需要一个人不断前进，就算这是一种非常缓慢的进步。

在每年的年底时，应该做年度自我分析，这样就可以把该改进之处列入到新年度的计划。借着问自己以下的问题来彻底地分析自己，并找个人帮你检查你的答案，这个人必须非常了解你，而且不容许你在分析中要诈。

### 自我分析问题

（1）我实现今年制订的目标了吗？（应该制订一个具体的年度目标，当作人生主要目标的一部分）

（2）我是否尽自己最大可能提供了最佳服务？或者我的服务能否有所改进？

（3）我是否尽自己最大可能提供了最大服务量？

（4）我是否表现出和谐与合作的工作精神？

（5）我是否曾容许自己因拖延而降低效率？假如有，到了怎样的程度？

（6）我是否改进了自己的性格？我是怎样做的？

（7）我是否坚持自己的计划直至完成？

（8）我是否在所有情况下都果断地作出了具体的决策？

（9）我是否曾让六种恐惧感之一或多项，降低我的效率？

（10）我是过度小心，还是不够小心？

（11）我和同事的关系是不是愉快的？如果不愉快，那么我应该承担多大的责任？

（12）我是否因为不够专心而浪费时间？

（13）对待任意项目时，我的态度够不够包容，我的心胸够不够宽广？

（14）我通过哪种方式提高了服务能力？

（15）我有放纵的习惯吗？

（16）我是否表现过任何形式的自私，不管是公开的，还是私下的？

（17）我对同事的行为态度是否足以使他们尊重我？

（18）我的观点或决定是基于猜测还是基于准确的分析和思考？

（19）我怎样支配时间与收入？在这些支配中，我慎重吗？

（20）我把多少时间花在了没用的努力上，而这些时间本来可以用于做更有意义的事情？

（21）为了明年更有效率，我应该怎样重新预算时间、改变习惯？

（22）我是否因为做过良心不允许的事情而愧疚？

（23）我在哪些领域内提供了超出分内的服务质量和数量？

（24）我曾对人不公吗？有的话，是哪方面？

（25）如果我的服务对象是自己，那么我对得到的服务满意吗？

（26）我的职业适合我吗？如果不适合，到底是因为什么？

（27）我的服务对象对我的服务满意吗？如果不满意，原因是什么？

（28）在成功的基本原则方面，我目前的评价怎样（公正且诚实地做比评量，并请一位勇于正确检查的人来验证结果）？

阅读和彻底了解了本章的内容后，说不定你已经为制订一份切实可行的个人服务推销计划做了充分的准备。本章将详细介绍制订个人服务推销计划必需的原则，包括领导失败的常见原因、领导者的主要素质、各行各业失败的主要原因、领导机会大的领域，以及在自我分析中应该向自己提问的重要问题。

因为所有通过推销个人服务起家积累财富的人都需要了解这些信息，所以本章讲述了这些具体的准确信息。那些失去财富或刚刚开始积累财富的人，只能通过提供个人服务来创造财富，因此，为了让个人服务换取最大的报酬，他们有必要掌握所需的信息。

完全吸收此处传达的信息，将有助于个人在判断他人时，更有能力、更会分析，也有助于销售个人服务。这些对于工作经理、人事主任和其他负责挑选员工和维持有效组织的主管，都是极其宝贵的资料。

假如你对这种说法有疑问，你可以用纸笔回答那 28 道自我分析问题，以测试其可靠度。

## 致富的机会

凡是诚实的公民都有权享有积累财富的机会和自由。

猎人选择的地方必然集中了很多猎物。同样的法则当然可以运用到寻找财富中。

假如你追寻的是财富，那么不要忽视那些富有的国家，因为单单妇女们每年花在唇膏、胭脂和化妆品上的钱就高达百万美元，这是有潜力的国家。

如果你想发财，那些每年消费数百万美元香烟的国家一定是你认真考虑的对象。

如果一个国家的人民愿意甚至渴望每年拿出数百万美元看橄榄球、棒球和职业拳击赛，那么请你千万不要急于离开这个国家。

请你记得，这只是致富可利用来源的开始。我们没有提及必需品，只是谈到了奢侈品而已。但，请记住，制造、运输、营销这少数几项商品的事业，为几百万男女提供了固定工作岗位，而他们每个月也通过提供的服务获取了数百万美元，并在奢侈品和必需品方面把这笔钱花出去。

要特别记住，积累财富的大量机会可能就隐藏在交换商品和服务的背后。没有什么能阻挡你或任何人为这些事业去努力。

如果一个人能力出众、经验丰富、训练有素，他就可以积累大笔财富。就算是你的运气不是特别好，也可以积累少量财富。任何人都能凭借微弱的力量存活于这个世界上。

要知道，机会就在眼前！

它已经展现在你面前，等待你走上前来，你可以随意选择，制订计划，付诸实践，坚持到最后。社会赋予所有人提供有益服务的机会，让每个人都可以凭借提供的服务价值而取得相应的财富，但它绝不支持不劳而获。

失败无须借口，成功没有理由。

# 第 8 章
# 决　心

克服拖延——致富第七步

对2.5万名男性和女性的失败经历进行的分析显示，在31项失败的主要原因中，没有决心排在第一位。

决心的另一边就是拖延，实际上，拖延是所有人都必须克服的共同敌人。

读完本书后，你会有机会检视自己明确而果断地下决心的能力，而且会将书中讨论的原则运用到实际生活中。

我对几百位累积财富过百万美元的人进行过分析，结果发现了一个事实，这些人做决策时都非常果断，如果有必要，可以逐渐修改决策。而那些没有发财致富的人，则都有犹豫不决、朝令夕改的毛病，这是一种通病。

福特在做决断的时候非常果断，因为这个特点非常鲜明，所以他有了顽固的名声。正是由于这种特点，当众多买主和所有的顾问劝他作出改变时，福特才能坚持制造出著名的T型车（世界上最难看的车）。

可能是福特先生作出改变的的时间实在太迟了，但此事的另一面事实则是，在福特先生必须改变模型之前，他坚定的决心已产生了惊人的财富。虽然福特先生明确的决断力有一点固执的意味，但这总比犹犹豫豫、迟疑不决要好很多。

## 如何果断决策

很多不能积累满足自己需要的巨额财富的人，基本都容易受他人的意见影响，他们自己不思考，而是让报纸和周围人的闲话代替自己思考。世界上最廉价的商品就是意见。每个人都有一肚子意见想说给愿意听的人。如果作决策时被他人的意见左右，那么你很难做成一件事，更何况把欲望变为财富？

如果你被别人的意见所左右，那么你将没有自己的欲望。

开始践行这里所说的原则时，要自己作决定，并将作出的决定付诸实践，不要让他人知道你在想什么。谁都不要告诉，除非是你特别信赖的人，与你志向一致的人。

虽然亲密的朋友和家人不是故意的，但他们故作幽默的嘲讽和“意见”常常会阻挡我们的决策。很多人一辈子都不能摆脱自卑情绪，他们的自信心就是毁于某些善意但无知的人的“意见”和嘲讽。

你有自己的思想和大脑，使用它并作出决定。在许多可能的情形下，如果你需要从他人之处获得事实或数据以使自己能下决心，那么就别表现出自己的目的，默默地收集事实或资料去吧！

有些人一瓶子不满半瓶子晃悠，却喜欢在他人面前指点江山。这种人通常说起话来侃侃而谈，却不善于倾听。如果你想培养果断决策的能力，那么就竖起耳朵，睁大双眼，闭上嘴巴。言语上的巨人常常是行动的矮子。如果听得少、说得多，就会失去积累有用知识的机会，而且会使自己的计划和目的暴露出来，让那些嫉妒你的人肆意地打败你。

要记住，每当在一个博学的人面前说话时，你会向他展示你是空有其表，还是有真才实干！真正的智慧通常表现为沉默和谦逊。

因此，你的第一个决心应该是：守口如瓶、张大耳朵和睁大眼睛。

可以在一张纸上用大字写下“先做后说”，放在每天都能看到的地方，这样就可以时刻提醒自己。

这句话的意思是：“最重要的不是言语，而是行动。”

## 要自由还是死亡

作出决策的勇气就是决心的价值所在。在冒着死亡危险的情况下，往往能做出成为文明基础的伟大决定。

林肯决心发表宣言，使美国黑人获得自由和解放，他完全知道这一举动会使成千上万的朋友和政治支持者弃他而去。

苏格拉底作出了勇敢的决定，他宁可服毒，也不肯妥协自己的信仰。他赋予那些当时尚未出生的人以思想和言论的自由，使历史向前推进了1000年。

罗伯特·李将军也做了一个勇敢的决定，脱离联邦，继续坚持南方的理念，他非常清楚，不管是他自己，还是其他人，都会因为这个决定而丧命。

## 56位冒绞刑之险者

在所有美国人的心中，1776年7月4日费城作出了历史上最伟大的决定。当时，56个人在一份文件上签下了自己的大名，他们知道，这份文件要么带给所有的美国人自由，要么使他们自己面临绞刑的惩罚。

这是一份著名的文件，你一定听说过，但你可能还不能从中领悟，它明显地表现出有关个人成就的重大教训。

我们都记得那份重要文件的签署日期，但很少有人知道需要多大的勇气才能作出那个决定。只有在书本上记载的内容中才能找到我们记忆的重点历史；我们能记住日期，能记住那些为自由而战的勇士的姓名，能记住约克镇和乔治·华盛顿。

对于这种力量，史书上一个字都没有提及，而这种力量产生了必将为全世界树立独立新典范的国家，并给这个国家带来自由。这是历史的悲剧。因为每个人必须运用这种力量清理人生路上的绊脚石，取得应有的生活回报，所以我才有这种感慨。

让我们简单回顾一下创造这种力量的历史事实。波士顿事件是这个故事的开端。1770 年 3 月 5 日，在街道上巡逻的英国士兵公开恐吓那里的居民。全副武装的士兵的示威是这些殖民地的居民最痛恨的事。居民开始公开发泄愤怒的情绪，辱骂士兵，并向他们投掷石块。最后，指挥官下令："上刺刀，打！"

战争开始了。很多人受伤了，很多人牺牲了。这次事件引发的民怨非常大，以致地方会议（由杰出殖民者所组成）召开会议商议如何采取行动。约翰·汉考克和塞缪尔·亚当斯是议会中的两位成员，他们积极发言，并主张采取措施，将所有的英国军队赶出波士顿。

要记住，美国人有了今天的自由，完全依赖于这两个人作出的决定；还要记住，这是个危险的决定，他们的决定需要信心和勇气。

会议结束前，塞缪尔·亚当斯被派去拜访当地总督哈奇森，要求他把英国军队撤走。

这个要求得到了允许，军队撤出波士顿，但事情还在发展，后续事件的发展注定改变整个文明趋势。

## 组建智囊团

理查德·亨利·李和塞缪尔·亚当斯频繁联系（通过书信的方式），极其坦荡地交流意见，表达对自己所在殖民地的人民的希望和忧虑。这是这个故事中的重要因素。这种做法使亚当斯想到，解决问题需要通力合作精神，说不定在 13 个殖民地中相互通信对此有所帮助。波士顿事件两年后（1772 年 3 月），亚当斯向议会提出一个构想，"以改善英属殖民地之间的友好合作为目的"，在各个殖民地建立通信委员会，明确委任各殖民地的通信员。

这个开端给每个人带来自由的力量。智囊团已经组建完毕。李和汉考克、亚当斯就是其中的成员。

通信委员会成立了。在此之前，殖民地居民在与英军对抗中都是无组织的，例如类似于波士顿的暴动事件，但这种做法一直没有取得任何效果。智囊组织整合起他们个别的委屈和不满。直至亚当斯、汉考克和李三人团结在一起以前，他们的心力、思想、灵魂和身体从没有被任何个人紧密联系起来。现在，他们都树立了坚定的决心，一次性解决了英国人带给他们的麻烦。

这时候，英国人也在忙着。他们也做着自己的计划，组建自己的“智囊团”。拥有资金与组织有序的军队就是他们的优势。

## 改变历史的决定

皇室免除了赫钦森马萨诸塞州的总督的职位，任命新总督为盖吉。新总督最初的行动之一，就是派信差拜访塞缪尔，目的是通过恐惧的力量阻止他的反对。我们可以由范藤上校（盖吉派去的信差）和亚当斯的对话，了解当时事件发生经过的重点。

以下是芬顿上校（盖奇派出的使者）与亚当斯之间的对话，这个对话反映出当时的情况。

芬顿上校:“亚当斯先生，盖奇总督授意我来向您保证，如果您能不再对抗政府，总督会给您满意的酬劳（试图通过贿赂拉拢亚当斯）。总督建议您不要惹陛下不高兴。您的行为已经触犯了《亨利八世法案》，根据这个法案，总督有权决定接受包庇罪的审判，还是把您送到英格兰接受判国罪的审判。如果您能改变自己的政治倾向，那么您不仅能得到不菲的个人利益，而且会让您与国王融洽相处。”

很明显，亚当斯所做的决定可能会让他丧命，他已经被逼到了风口浪尖上。亚当斯坚决要芬顿上校保证，一字不漏地把自己的回答转述给总督听。

亚当斯的答复是："我想，您可以告诉盖奇总督，对于我和国王陛下的良好关系，我相信我会一如既往地保持下去。但我不会因为个人的利益而置正义的事业于不顾。还要告诉盖奇总督，这个民族已经愤怒了，不要再侮辱它的情感，这就是塞缪尔·亚当斯对他的建议。"

收到亚当斯的尖酸答复后，盖奇总督大发雷霆，并签署了一份公告。公告内容是："我在此以陛下的名义，宽容地原谅那些愿意放下武器、重新做守法公民的人，但塞缪尔·亚当斯和约翰·汉考克等人罪大恶极，我决不会原谅，他们必须受到应有的处罚。"

用现在的说法来讲，亚当斯和汉考克当时可真是"四面楚歌"，总督已经满腹怒火，威胁两人作出一项同等危险的决定。他们赶紧召集最忠诚的伙伴召开秘密会议。会议开始后，亚当斯锁起门，将钥匙放入口袋，并且告诉与会者，组织殖民地居民的国会已经到了危急时刻，而且告诉他们，谁都不能离开房间，直到做出成立国会的决定。

听完这些话，与会者中出现了骚动。有人质疑与皇室对抗的决定是否明智，有人担心这种激进做法的可能后果。汉考克与亚当斯两人被锁在这个房间中，但他们毫不畏惧、不怕失败。在他们的影响下，其他人终于同意，通信委员会于1774年9月5日在费城召开第一次美洲大陆会议。

要记住这个比1776年7月4日更为重要的日子。如果没有召开大陆会议的决定，就不可能签署独立宣言。

大陆会议还没有召开第一次会议时，在北美大陆的另一个地方，还有一位领导者正在艰难地出版《英属美洲的权利概览》。他就是弗吉尼亚的托马斯·杰斐逊，他与邓莫尔勋爵（皇室外派驻弗吉尼亚的代表）的关系，与汉考克和亚当斯与他们总督的关系一样紧张。

著名的《权利概览》发表之后不久，杰斐逊得知自己在背叛皇室政权后就要遭迫害。杰斐逊的一位同僚帕特里克·亨利大胆地说出，杰斐逊在面对这种威胁时的想法，并以一句经典名句结束了讲话："假如这叫作叛国，那么就彻底叛国吧！"这句话必然永远流传。

就是一群和这两位一样，没有权势、没有力量、没有武力和没有钱的人聚在一起，对殖民地的命运做了严肃的思考，从第一次大陆会议开幕起，其间经历两年的时间——直到1776年6月7日，理查德·亨利·李站起来，以主席身份讲话，并对处于惊讶中的会众作出以下提议：

先生们，我建议，这些联合的殖民地理应是，而且有权成为自由独立的国家。这些州需要脱离英国皇室的统治，与大不列颠的所有政治关系都将完全脱离。

## 最重大的书面决定

李的提议让人震惊，与会者对此进行了长时间的激烈讨论，最后李的耐心一点点消失了。最终，在几天的辩论过去以后，他又一次起身，用坚定而明确的声音宣布："主席先生，我们对这个问题的讨论已经持续了好几天。这是我们唯一可以选择的出路。那么，先生，我们为什么还要继续犹豫？为什么还要拖延下去？让我们在这个高兴的日子里创建美利坚合众国吧！不要让这个国家毁灭和压制和平与法律，在这个国家重建和平与法律的统治，让这个国家站起来吧！"

在该提议终获表决前，李因为家人重病而被召回维吉尼亚，他在出发前把自己的理想目标交托给他的朋友托马斯·杰斐逊，后者承诺只要没有采取有利的行动，就会一直坚持奋斗。不久后，大会主席（汉考克）指派杰斐逊担任委员会主席，草拟独立宣言。

为了这份文件，委员会付出了长时间的艰苦劳动。如果这份文件在大陆会议上通过了，如果殖民地与大陆会议的战斗（这件事必然会发生）失败，那么每一个在这份文件上签字的人，其实就是在自己的死亡判决书上签字。

文件拟定后，6月28日，大陆会议宣读了这份草案。在接下来的几天里，经过讨论和修改，完备的文件终于形成了。1776年7月4日，托马斯·杰斐逊在大陆会议前，勇敢地宣读了这份最重大的书面决定。

在人类历史的进程中，当一个民族有解除其与另外一个民族的政治束缚的必要，并认为自然的法者与上帝的定律，赋予它们在世上众多的权限中，亦有独立于平等地位之权时，基于对人类意志崇高的尊重，他们应该宣布驱使他们独立的理想……

杰斐逊宣读完毕后，大陆会议投票通过了这份文件。56个人将自己的名字签在了这份文件上，在这个重大决定上赌上了自己的性命。

分析《独立宣言》背后隐藏的事件，我们有理由相信，这56个人组成的智囊团做出的决定，建立了这个在全世界享有权势和威望的国家。这个事实应该引起特别注意：他们的决定确保了华盛顿军队的胜利，因为这个决定的精神已经深入每个战士的心中，成为他们心中的一种无坚不摧的精神动力。

另外还要注意到，赋予这个国家自由的力量，就是每个想成为有自主能力的人，必须使用的同一股力量，这一点和个人利益密切相关。书中所述的原则组成了这股力量。在独立宣言的故事中，以下6项原则明显地体现出来：欲望、决心、信心、毅力、智囊团和条例分明的计划。

## 有所想，才能有所得

此哲学自始至终都在暗示着：强烈欲望产生的意念很可能会把欲望变为现实。在这个故事中，以及在组建美国钢铁公司的故事中，都对意念让人发生惊人转变的方法进行了详细的描述。

这个世界上根本没有奇迹，所以你在寻找此方法的秘诀时，别试图找寻奇迹。你只会找到永远不变的自然铁律。对于有信心及勇气应用它们的人，这些铁律是唾手可得的。它们可用来为一个国家聚集财富或者带来自由。

那些做决策的果断人能得到想要的东西，因为他们知道自己想要什么。不管是哪个行业，其领导者都是那些能下定决心的人。这一点决定了他们能够成为领导者。那些在举止之间显示出知道自己方向的人，世界也会为他们开路。

犹豫不决这种习惯通常是在青少年时期形成的。这是一种非常顽固的习惯，它会让一个人稀里糊涂地读完小学、中学甚至大学。

学生的犹豫不定会伴随他们走入他所选的职业（当然，实际上，如果他都是自主地选择了职业），一般来说，这种年轻人离开校门后，都会迁就于他们所能找到的工作。因为他已深陷犹豫不决的习惯中了，所以他会接受第一个找到的工作。98% 为活命而工作的人，就是因为缺乏下决心的果断力，不能通过计划去获得确切的职位，所以才处于他们今日的职位。此外，他们关于如何选择雇主的知识也非常不足。

果断的决策能力常常需要勇气，有时需要极大的勇气。

签署《独立宣言》的 56 个人，就在签署的文件上赌上了自己的性命。有的人对自己所选择的职业有非常明确的认识，他们不会用生命作为这个决定的赌注，他们的赌注是经济上的自由，他们希望从生活中获得想要的回报。

那些疏忽或不愿期待、计划或需要这些东西的人，永远得不到经济上的自立、财富、理想的事业和专业地位。如果你追求财富的精神比得上塞缪尔·亚当斯渴望殖民地自由的精神，那么你一定会发财致富。

# 第9章 毅力

## 坚持不懈是信心的源泉——致富第八步

在将欲望变为金钱的过程中，毅力是必备的因素。意志力是毅力的基础。

如果欲望与意志力恰当地结合在一起，就会产生无法抵挡的力量。有志积累巨额财富的人经常被人误解，被别人看作冷酷无情。他们融合了自己的意志力与毅力，并把欲望当作实现目标的保证。

大部分人总是随时准备放弃自己的目的和目标，他们一旦遇到一时的不幸，或者看到了困难就马上放弃。只有为数不多的人会不顾阻碍，继续坚持，勇往直前，不达到目的绝不罢休。

“毅力”这个词可能不包括英雄主义的意思，但是就像钢铁需要碳素一样，人类需要这种气质。

财富的积累经常使用到本书所讲哲理的13个因素。所有希望取得财富的人，都要彻底领会这些原则，并用毅力保证这些原则的实施。

## 测试你的毅力

当你打算践行书中传达的知识时，请在开始践行第2章所描述的6大步骤时，给你的毅力进行一次测验。除非你是属于那百分之二，有明确目标，且有明确计划可以实现它的人，否则你很可能在读了这些摘要以后，仍然自顾自地做事，继续日常的习惯行为，根本就不遵照摘要的要求去做。

缺乏毅力是失败的一大原因。而且，成千上万的人用自己的经验证明，大多数人都有一个通病——缺乏毅力。这是一个可以通过努力弥补的缺陷，但能否克服没有毅力的习惯完全取决于一个人欲望的大小。

继续往下读，到本书的结尾后再回到第2章，立即践行有关那6个步骤的要求。是否愿意践行这些指示，能清晰地反映出你积累财富的欲望。如果对这些要求反应平平，那么说明你还不具备应有的“金钱意识”，因而也不可

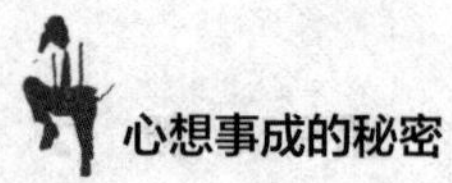


能积攒财富。

正如河水必然流向海洋一样，财富会流向那些对它的到来有心理准备的人。

如果你认为自己毅力不足，那么认真阅读第 10 章“智囊团的力量”，让一群智囊人物围绕在你的身边，通过这群人的共同努力，你就会产生毅力。在第 4 章和第 12 章中，也讲到了培养毅力的方法。根据这些指示的要求去做，直到你的习惯能把你欲望目标的清晰图画传达给潜意识。做到这一点后，缺乏毅力就不再是你的困扰了。

因为，潜意识是一直在工作着的，不管你睡着了还是清醒着。

## 你有“金钱意识”还是“贫穷意识”

偶尔或者断断续续地运用这些原则，对你并没有什么效果。一定要遵循所有的原则，直到它们变成你的固定习惯，这样你才能得到满意的结果。这是培养“金钱意识”的唯一方法。

贫穷往往趋向于深以贫为忧的人，通过运用同样的法则，金钱则会被有心准备迎接它的人吸引。贫穷意识会自动地抓住那些没有金钱意识者的思想。贫穷的发展并不需要有意识地运用有利于它的习惯；而金钱意识的产生必须要经过刻意创造，并使其处于发布命令的地位，除非一个人天生就有金钱意识。

如果你对上一段话的重要性有充分的理解，你就会明白在积累财富的过程中，毅力起到了怎样的重要作用。如果一个人没有毅力，那么他还没行动的时候就注定要失败了。有毅力，才会胜利。

如果你有过做噩梦的经历，那么你就能认识坚毅精神的价值。你在床上躺着的时候感觉自己呼吸受阻，无法翻身，肌肉也酸麻了。你知道你必须开始控制自己的肌肉。凭着坚强的意志，你的一个手指终于能活动了，然后扩大到一条手臂，另一条手臂；接下来是一条腿，另一条腿。最终，你能控制全身的肌肉了，并且从噩梦中惊醒过来。这些都是循序渐进的过程。

## 如何从你的精神懒惰中“惊醒”

你可能发现，你需要经历同样的过程，才能“挣脱”思想的惰性。最开始的行动要慢，然后逐渐加快，直到彻底控制自己的意志力。你要坚持下去，不管进展有多慢。只要有毅力，就能成功。

要保证你精挑细选的“智囊团”成员中，至少有一位能帮助你培养毅力。有些人的致富是必然的。他们受到环境鞭策，不得不坚持到底，所以才培养出了毅力。

那些培养出了毅力的人好像上了失败保险。不管经历了多少挫折，他们都能到达理想的彼岸。有时，似乎有一个人在无形中指引着，它的任务就是检验一个人能否经得起挫折的考验。最终达到目的的是那些跌倒了再爬起来继续前进的人，全世界都会为他们呐喊：“真不错，我就知道你没问题！”如果连毅力这一关都过不去，这个无形指导者就不会轻易让一个人享受成功的喜悦。如果没有通过这场考验，那么你必然是不会成功的。

经受住毅力考验的人所得到的回报非常丰厚。他们所得到的补偿是：不管追求什么目标，他们总能实现自己的目标。但他们的回报不仅仅是这些，他们得到的东西将比物质补偿更重要，即他们懂得了“每次失败，皆携带着一颗相等利益的种子”。

## 把失败踩在脚下

这个规律也有例外；只有少数人能从经验中验证毅力的可靠性。这些人都认为:“失败不过是一时的。”这些人始终坚定地运用欲望之力，从失败中走出来，并坚持到胜利。作为旁观者的我们，看到很多人失败以后就再也没有振作起来。我们也见过，极少数的人视失败为一种惩罚，把失败当作要“更努力的激励物”。这些人都是幸运儿，他们从来就不懂得接受生命的逆境。虽然我们看不到，但多数人都不会对其存在产生质疑，这是一股无声但不可抵挡的力量，它拯救了在面临挫折、气馁时，仍然继续奋斗不退缩的人。说到这股力量，我们没有更好的称谓，只能说它是毅力。对于这件事，我们都很清楚：如果一个人没有毅力，那么不管在哪种事业中，他都无法获得明显的成就。

写到这里，我抬起头来，看着前方。神秘的百老汇就在不到一个街区远的地方，那里是“希望破灭的坟墓”，也是“机会的舞台”。到百老汇的人为了寻找名声、财富、地位、爱，他们来自世界各地，都为了寻找人类称之为成功的某种东西。有人会从众多“淘金者”中脱颖而出，但这都是偶然的。如果有一个人在百老汇功成名就，全世界都会听到他的名字。但是征服百老汇并不是那么容易、那么迅速的事。她能辨别人才，也欢迎人才，并让他们得到丰厚的回报，但这些人永远都不能说放弃，这是必须的前提。

因此我们可以说，征服百老汇的秘诀被这些人发现了。秘诀对另一个名词没有什么秘密可言，那就是“毅力”。

要充分理解这个秘密，可以先了解范妮·赫斯特的奋斗历程。她用毅力征服了这条“白色大道”。她于1915年来到纽约，希望用自己的写作积累财富。这个过程发展得很慢，但目标终于实现了。赫斯特为了从第一手经历中了解纽约人的生活，花费了4年时间。她白天写作，晚上想象未来。有时候她根本看不到希望，但她不会说："好吧，你赢了，百老汇！"她说："百老汇，很好，你可以打败有些人，但不包括我。你一定会屈服的。"

在她突破困境，使他人了解其故事以前，她被一家出版商（星期六晚报）拒绝了36次。一般的作家（就好像是其他行业中的一般人），可能在第一次被拒绝的时候，就选择了放弃。但她下定决心要成功，于是在这条路上辛苦地走了4年。

魔咒已被打破，生活给了她丰厚的回报。赫斯特小姐终于成功了。她战胜了时间和困难的考验。从此以后，出版商纷纷上门约稿，金钱如流水般进入了口袋，她几乎来不及数。接下来她被电影业发现了，从此她开始了辉煌的人生。

简而言之，你已经知道了在毅力的鞭策下，毅力能让人取得怎样的成就。范妮·赫斯特并不是例外。有一点可以肯定，不管一个人通过怎样的方式积累起了大笔财富，这个人必须首先有毅力。百老汇会随便给一个乞丐一个三明治或者一杯咖啡，但对于那些追求远大抱负的人，则必须让他们付出毅力。

如果凯特·史密斯看到这一篇，一定会说"阿门"。因为在她能拿起话筒演唱以前，有好几年的时间都在献唱，不要报酬也不管付出什么。百老汇对她说："如果你熬得住的话，就接过话筒吧！"她真的坚持到最终成功的那一刻了，百老汇终于对她说："唉，有什么意义？你根本不知道什么是挫折，说出你想要什么酬劳，然后认真工作吧！"史密斯小姐说了一个价位，那可是很丰厚的！

## 你能够培养你的毅力

毅力是一种可以培养的心态。与所有的心态一样，毅力的形成有着具体的原因，包括：

（1）目标的明确性。知道自己想得到什么，是培养毅力的第一步，可能也是最重要的步骤。强烈的动机鞭策人克服各种困难。

（2）欲望。如果带着强烈的欲望追求目标，那么就相对容易形成与保持毅力。

（3）自我鼓励。相信自己有完成这个计划的能力，并激励自己克服计划中的各大困难。

（4）具体的计划。计划要条理清晰，哪怕计划不周或并不完全可行，人的毅力也会得到刺激。

（5）正确的知识。通过观察或者经验得知自己的计划的确可行，也能刺激毅力；用“推测”取代“正确的认识”则会摧毁毅力。

（6）协作。对他人的同情、理解，以及密切的合作经常使人产生毅力。

（7）意志。把自己的思想聚集到明确的计划上，也可以产生毅力。

（8）习惯。毅力是习惯的直接产物。大脑发出指令，让人做完每天要做的事情，并且牢记这些经历，使得思想成为每天经历的一部分。人类最大的敌人就是恐惧，可以通过不断重复勇敢的行为克服恐惧。

## 评估自己的毅力

在讲完毅力这个主题之前，我们先来评估一下你自己，看看你在多大程度上缺乏这种素质。一点一点地检视自己，看看自己缺少以上 8 项因素中的哪些。这项分析会让你重新认识自己。

你将发现，以下所列的 16 项弱点里，是横亘于你和卓越成就之间的真正的敌人。你不只会看到缺乏毅力的“症状”，更可看到这个弱点在潜意识与内心深处的原因。假如你真想知道自己是什么人，能做什么事，那么就仔细地研究这份清单，并坦率地面对自己。想致富者必须克服下面列举的弱点：

（1）不知道以及不能明确说出自己有什么愿望。

（2）有理由或没有理由的拖沓习惯（经常会说出一大堆借口）。

（3）对学习专业知识没有任何兴趣。

（4）犹豫不定，习惯性地不肯直面问题（有自己的借口），或者推卸责任。

（5）出现问题时，总是推卸责任，而不是积极寻求解决方案。

（6）自我满足。只要染上这个毛病就没救了，一点希望都没有了。

（7）没有热情。通常表现为，不管在什么情况下，一个人都不会积极面对逆境，与之抗争，他很容易妥协。

（8）认为不利环境乃不可避免的，习惯因为自己的错误责备别人。

（9）由于动机不明确，因而欲望不够强烈。

（10）虽然有欲望，但一遇挫折就想要放弃。

（11）没有条理清晰、分析具体的书面计划。

（12）疏忽将设想化为实际行动，或者没有在机会来临时及时把握的习惯。

（13）只有愿望，而不付诸实践。

（14）没有获取成就的雄心，安于贫困的心态。

（15）求助所有的致富捷径，不想付出应有的努力，通常表现为总想一夜暴富，甚至有赌博的习惯。

（16）恐惧批评。只因害怕别人的想法、做法和观点，而导致无法制订和执行计划。这个敌人应该放在清单的第一位，因为它通常存在于潜意识中个人不能看见的地方（参看第15章）。

## 假如你怕批评

我们要对害怕批评的症状进行讨论。多数人害怕批评，并甘受亲人、朋友和其他人的影响，所以他们无法过自己想要的生活。

大多数人选错了婚姻对象，又不想结束婚姻，因为他们怕改正这个错误会受到别人的批评，于是就一辈子过着不高兴而又可悲的生活。结果就是，这种婚姻摧毁了一个人的抱负和可能的成就。

不少人离开学校后疏于进一步接受教育，根源是害怕批评。

不知道有多少男女老少因为害怕批评，而让亲友以责任之名摧毁了他们的生活（责任，并不需要任何人毁掉自己的抱负，剥夺追求自己想要的生活的权利）。

许多人因为他们怕别人的批评，而不想给自己提出长远的目标，甚至不愿开始某项事业。他们会说："你把目标定得那么高，别人还以为你是神经病呢！"

当时，安德鲁·卡内基让我用20年时间归纳个人奋斗成功学的规律，我的第一反应是担心别人对我作出评价。卡内基建议我设定一个目标，这个目标要与我以往的成绩远远不成比例。我的大脑甚至都没有思考，就想到了各种借口和理由，说到底，这都是因为害怕批评。我内心有个声音在说："这是一项艰巨的任务，需要投入太多时间，千万不要去做。而且，你的家人会怎样看待你？你要怎么养活自己？你凭什么说自己能组织一套成功学理念，毕竟别人都没做过。你是什么人，竟然敢揽下这种事？要知道自己是干什么的，什么是理念，你到底懂不懂？别人会认为你一定是个神经病（还真是这样），不然为什么以前别人从没这样做过？"

我的大脑中闪现出了这些问题，还有其他许许多多的问题，这让我不得不专心思考。好像整个世界都突然将注意力转向我，想要嘲笑我，让我放弃实现卡内基先生建议的愿望。

当时，我自身就非常有可能放弃这个想法。后来我发现，许多人都是这样的，他们的想法基本都胎死腹中了。只有立即行动，制订明确的计划，才能使这些计划得到新生。要让一个想法生存下来，就只有在它最开始出现的时候牢牢地抓紧它，并且马上去做、去行动。若怕别人的批评、嘲笑和指责，那么你的所有理想都不会实现。

## 机遇可以定做

许多人认为物质上的成就就是有力的“机会”造成的。这种想法虽有一点根据，但绝对指望运气的人，大都会失望，因为他们忽略了有力的“机会”是可以定做的，这是另一个成功必备的重要因素。

大萧条时期，喜剧演员 W.C. 菲尔兹所有的钱都赔了，而且他还失去了收入的来源，没有了工作，曾经谋生的手段（杂耍）已经派不上用场了。此外，那时他已年愈花甲，很多人都认为他已经垂垂老矣。他渴望东山再起，因而主动要求在一个新行业（电影业）里义务工作。他事业的每一步都非常艰难，他还摔伤了颈部。对许多人来说，这时候必然会选择放弃，但是菲尔兹依然不想放弃，继续这份工作。他知道，如果坚持下去，自己早晚都会遇到机会。最后，他确实得到了机会，但不是靠侥幸。

玛丽 · 德雷斯勒在将近 60 岁的时候，发现自己身无分文又没有工作，落魄而又潦倒。于是她寻找机遇，终于凭借其毅力在晚年得到了惊天的成功，尽管她的年龄要比别人大很多。

1929 年股市崩盘时，埃迪 · 坎托所有的钱都赔光了，但他还有勇气和毅力。凭借这些，再加上别人所没有的眼光，他在一星期内为自己赢得了 1 万美元的收入！是的，如果一个人有毅力，即使没有其他品质，也可以顺利地发展。

自己创造的机会是唯一可以信赖的“机会”。这些机会来自应用毅力，目标的明确性是其出发点。

随机调查一下你最先遇到的100个人，问问他们在生活中最想要什么，估计答不上来的有98人。如果你进一步追问，有的人可能说“金钱”，有的会说“安全”，有几个人会说“幸福”；有人会说“权力和名誉”；还有人会说“社会认同感——能歌善舞、生活惬意、善于写作”；但是没有人能对这些说法给出具体的解释，或者粗略说明实现这些模糊愿望的计划。财富不会回应愿望，而只能借助欲望的力量、凭借持久的毅力，来回应明确的计划。

## 培养毅力的4个步骤

培养毅力，需要经过4个简单的步骤。这些步骤并不需要渊博的智慧和知识，甚至不需太多努力和时间。这些必要的步骤是：

（1）由强烈的欲望支撑，立志要完成的明确目标。

（2）不断用行动证明明确的计划。

（3）抛弃一切否定的、沮丧的、影响心理的因素——比如亲朋好友的消极态度。

（4）结交一个或几个能激励你遵照计划和目标行事的人。

这4个步骤是各行各业获得成功的保证。成功哲学中有13项原则，其目的就是让个人能采取此4个步骤，并养成一种习惯。

遵循这4个步骤，就可以把控自己的经济命运。

这些习惯会让你产生独立与自由的思想。

遵循这4个步骤，你就可以奔小康，或者成为富豪。

遵循这4个步骤，就会把梦想变为现实。

遵循这4个步骤，就会战胜恐惧、冷漠和沮丧。

学会采用这4个步骤的人将得到巨大的回报，它让一个人掌握了自己的命运，让生活提供了我们想要的所有。

## 如何克服困难

是哪种神奇的力量促使坚毅的人克服困难？毅力是否使人获得超自然的力量，并在人心中设计某种超脱的心灵或化学活动？

观察了亨利·福特等人之后，我的大脑中自然而然地想到了这些问题。亨利·福特白手起家、开创事业时，只有毅力，剩下的什么都没有，后来却创造了大规模的工业帝国。托马斯·爱迪生只受过不到3个月的学校教育，却凭着毅力成为世界顶尖的发明家，并发明了留声机、电影机和灯泡，更别提其他50多种有意义的发明了。

能够分析爱迪生和福特先生，我感到非常幸运，正因为有机会仔细研究他们，所以我想说，在他们两人身上除了毅力以外找不到任何特点可以与其惊人业绩沾得上边。在得出这个结论之前，我确实认真地研究过他们。

# 第 10 章
# 智囊团的力量

## 驱动力——致富第九步

力量是成功致富不可或缺的因素。

假如不存在足够的力量支持，计划就没有任何意义与活力。本章将讨论怎样得到并使用这种力量。

力量可解释为“有组织且巧妙引导的知识”力量，这里所说的力量，指的就是“有组织的努力”，这种努力足以使个人化欲望为金钱等价物。“有组织的努力”是指通过两个或多个人的共同合作而产生的、本着和谐的精神、为一明确的目标而努力的工作。

积累财富需要力量！得到财富后，还需要力量来守护财富！

我们一起来讨论获得力量的途径。如果力量是“有组织的知识”，那我们来检查一下，知识的来源包括：

（1）智慧。比如创造性的想象力等。

（2）累积的经验。在设施良好的公立图书馆，我们可以找到人类所累积的经验（或其经过记录和整理的部分）。大专院校和公立学校也会将此种经验的重要部分分类、整理后，传授给学生。

（3）研究和实验。在科学领域及各行各业中，工作人员每天都在收集、分类和整理新的数据。当无法通过“积累的经验”获得知识时，就要转向这种途径。这时，创造型想象力必然经常被用到。

以上任何一种途径都可以获得知识。经过整理后，这些知识变成了明确的计划，将计划付诸行动时，知识就转化为力量。

检视知识来源，我们很容易发现，只依靠自己的力量收集知识，并试图通过明确的行动计划去实践的时候，个人将会遇到非常大的困难。假如计划全面、周密，与他人合作就不可避免，只有这样才能为这些计划注入必要的力量。

## 通过“智囊团”获得力量

“智囊团”的定义可以归纳为：两人或多人为实现一个明确的目标而团结一致、同心协力，在知识和努力上的合作关系。

不能利用“智囊团”，就没有强大的力量。在先前的章节中，提到为了转化欲望为金钱等价物而创造计划所需的摘要。如果你坚毅且灵巧地执行这些摘要，并在选择“智囊团”成员时，有知人善任的能力，那么在悄无声息中，你的目标就可能已达成了一半。

这是一种看不见、摸不到的力量，但只要适当选取“智囊团”成员，你就可以更好地理解力量的潜能，我们将在此解释智囊团原则的两个特征：一是经济性；二是精神性。其中，经济性的一面很明了，不管是谁，只要能得到智囊团全心全意的帮助，给他建议、忠告及协作，他就能获得经济利益。巨大财富积累的基础就在于这一点，了解这一点，就能决定你的经济地位。

智囊原则的精神状态则不容易理解。你可从以下的叙述，掌握一个重要的意思：“两个人的思想放在一起，一定会产生第三种力量，这是一种看不见的无形力量，我们称之为第三个心灵。”

人类的心灵是一种能量的形式，其中一部分在本质上是精神的。当两个人的智慧步调一致时，每一个人大脑的精神能量部分会形成一股吸引力，从而形成智囊团的“精神”。

在 50 多年前，我就从安德鲁·卡内基那里注意到了智囊团原则，更准确地说，是其经济特性。这项原则的发现促使我作出了对终生工作的选择。

卡内基先生的智囊团成员，大约由 50 人组成；在制造和销售钢铁的目标下，他将他们汇集起来。他认为这个“智囊团”所产生的力量，是他得到所有财富的根本原因。

分析任意一位“大富”或“小富”的经验，你会发现，不管是有意的还是无意的，他们总是使用了“智囊团”原则。

除此之外，任何原则都不能积累强大的力量！

## 如何增长智慧

我们可以把人的大脑看作一个电瓶。我们知道，一个电瓶提供的电量比不上一组电瓶的电量大。我们还知道，单一一个电瓶提供的电量与电瓶包含的电池数量与电池容量成正比。

人脑运转的方式与之类似，这也解释了为什么有的人比另外一些人更聪明，同时也说明一队同心协力、精诚协作的头脑提供的思想能量，大于单个头脑所能提供的能量。这个道理类似于一组电瓶提供的能量会超过单一电瓶所提供的能量。

很明显，通过这个比喻可以发现，智囊团原则是握有支配力量的秘诀，智囊团是一群有大脑的人的集合。

接下来的另一种说法将使你对智囊团原则的精神层面有进一步的了解：当一群人的智慧通力合作时，智囊团中的每一个成员都可以享用这种组合带来的智慧能量。

人人都知道亨利·福特在开创事业时，曾遭遇了受教育不足和贫困等困难。人们也都知道，他之所以能在 25 年后成为美国最富有的人，就是因为他能在 10 年之内克服了这些困难。在成了爱迪生的朋友之后，福特才使自己的事业有了大的进步。从这件事可以发现，一个人的智力对另一个人智力的影响非常大。在与约翰·伯罗斯、哈维·费尔斯通及卢瑟·伯班克（三人智力都比较高）成为朋友之后，福特的事业取得了更辉煌的成就。

带着和谐精神与他人交往，人们会在不知不觉中学到朋友的性格、习惯

和能力。福特先生通过与爱迪生、伯班克、伯罗斯和费尔斯通等人交往，在自己的大脑中加入了这四个人的经验、智慧、知识和精神力量。他通过此书所列举的步骤方法，恰当地运用了智囊团原则，这才是最重要的一点。

你也可以使用这项原则！

我们之前已提过圣雄甘地。

让我们研究他得到惊人力量的方式。我们可以做一个简单的解释。

他通过这种方式得到了力量：促成两亿多的人，在一种和谐精神的引导下，为一明确目标而共同奋斗。

简而言之，甘地创造了一个引导两亿人精诚合作的奇迹，他根本没有采用强迫的手段。假如你不相信这是个奇迹，请试试要用多长时间才能协调好两个人，让他们在和谐精神的引导下合作。

所有企业的经营者都知道，让员工以一种看似和谐的精神合作是非常不容易的。

就像你看到的那样，无限的智慧位于主要力量来源清单的首位。当两个人或者更多人团结一致，为了一个具体的目标而奋斗时，他们就会在这个团体中做好自己的工作，直接从无尽的智慧宝藏中吸收力量。各种力量的最伟大之处就在于此。这个来源是所有伟大人物和天才都仰仗的（不管他们是不是认识到了这个事实）。

人类的感觉并不是完全可靠的。另外两个集结力量所必备的知识来源，比人的五种感觉还不可靠。

我们将在以下章节中，对最容易得到无限智慧的方法进行详细的讨论。

你在阅读的过程中，要看、要想、要思考。用不了多长时间，你就会对整个过程产生正确的观点。你现在只是看到个别章节的细枝末节而已。

## 积极情感的力量

害羞的金钱真是难以捉摸。追寻和赢得金钱的方法就像追求意中人时所用的方法。实际上，“追求”金钱和追求少女所需的力量，并没有太大的区别，这可能是一个巧合。想要成功追求金钱，必须要将信心、欲望与毅力加在那股力量上。必须通过计划使用这种力量，而且一定要将计划付诸行动。

当财富以一股所谓“惊天财富”的巨量出现时，它就会轻松地流向聚集财富者，如同从高山上倾泻下来的流水一般。一股强大无形的力量暗藏其中，它可比喻为一道河流，只不过河流的一边，带着进入其中的人，向着向上的方向一往直前，流向财富之地；河流的另一边，则带着不幸掉入其中且不能挣扎出来的人，向着相反的方向，往下流向悲惨和贫穷的境地。

所有积累巨额财富的人都承认世界上确实存在这股人生巨流。它是由个人思想过程组成的。通往财富的那一侧水流是由积极的思想情感形成的；带领个人流向贫穷的另一侧水流是由消极的情感形成的。

对于以致富为目标而学习本书哲学的人，这一点传达了一个非常重要的哲理。

假如你现在所处的洪流要将你卷入贫穷，那么你只有不断努力并且应用这些哲理，这些哲理才可能产生效果。如果只是阅读，不花心思加以分析（不管是在哪方面），你都不会取得任何效果。

贫富经常易位。通常要通过设想周全、认真执行的计划，才能把贫穷变为富裕。贫穷不需任何协助，也不需计划，因为贫穷是粗鲁而大胆的，财富则是胆怯而羞涩的，它们必须被“吸引”才能得到。

幸福在于努力，而不仅仅在于拥有。

# 第 11 章
# 性欲转换的奥秘

正确运用性的力量——致富第十步

简单地说，“转换”一词的含义是“将一种元素或能量形式转化或者改变为另一种元素或能量形式”。

性的激情会转化为一种心理状态。因为人们对这个问题的了解不多，所以经常联系起生理和心理状态。很多人还误认为它是纯生理的东西，这可能是因为他们在获取性知识时受到了错误影响，其实性与心理有很大的关系。

性激情暗含了三种建设性的潜在力量。分别是：

（1）人类的繁衍生息。

（2）保持健康（它的治疗作用无法替代）。

（3）通过转化性欲力量，将蠢才变成天才。

性欲的转换是很容易解释的，因为它非常简单，是指一种心灵的转换，其过程是把由肉体情感表现的意念，转化为其他性质的意念。

人类最强烈的一种欲望就是性欲。当人类被这种欲望驱使时，就会产生强烈的想象力、意志力、勇气、毅力及在其他时候所没有的创造力。性接触的欲望非常强烈，这种冲动经常使人沉溺其中，哪怕是失去生命和名誉也在所不惜。如果加以控制，并朝着其他方向引导，这股刺激之力就会保留其强烈的想象力和勇气等特点，成为一股应用在艺术、文学或其他专业或工作方面（当然积累财富也包括在内）的强大创造力。

当然，我们一定要用意志力进行性能量的转换，不过所得的回报是值得的。性表达出一种自然的、天生的欲望。这种欲望不该被清除或者埋没，但它的确该通过能丰富人类精神和身心的表现方式来发泄，如果不能通过转换过的途径来发泄，它便会通过肉体的途径来寻求发泄。

河水必然是需要宣泄的，虽然我们可以修建堤坝，在一段时间内调配河流的水量。同理，性欲可能被压抑一段时间，但其天性仍然会不断地寻找表达方式。假如不用创造性的方式加以引导，它就会以没有任何意义的途径发泄出来。

## 成就和经过高度发展之性特质的关系

有些人非常幸运，他们懂得如何通过某种创造性方式来发泄性激情。

科学研究揭露了以下重要事实：

（1）成就非凡的人学会了性欲转换的技巧，而且具有高度的性魅力。

（2）巨富者及在艺术、文学、建筑与各种行业中获得伟大成就的人，身后都有女性的力量在鞭策他们。

这是综合2000多年来的历史发现和伟人的传记得出的结论，其中所有和重大成就获得者有关的证据，都有力地表明他们的性魅力非常高。

性激情是一种“不可抵抗的力量”，即使身体被捆住了，性激情也不能消失。在这种情绪驱动下，人就会得到一股内在的行动力量。在理解了这个事实以后，就能理解这句话的意义——性欲转化包含着创造力的秘诀。

破坏了人或者动物的性腺，就相当于根除了他们行动的主要根源。想要证明这一点，不妨观察一下某种动物被阉割后的表现。性改变会使雄性动物（不管是人还是兽类）失去斗志，同样的效果也发生在雌性动物的性改变后。

## 10种心理刺激物

人的心理对刺激会作出反应，大脑会因为这种刺激产生高度的震波，也就是平常提到的创造型想象力、热忱、强烈的欲望等。以下刺激物最易于激发心理反应：

（1）表达性的欲望。

（2）爱。

（3）对权力、名誉或经济利益的强烈欲望。

（4）音乐。

（5）同性或异性间的友谊。

（6）为了精神或世俗成就，两人或多人和谐组成的智囊团。

（7）共同经历的痛苦，如受迫害者的经历。

（8）自我暗示。

（9）恐惧。

（10）酒精和毒品。

在以上清单中，性情感的表达欲望位于第一位，它最能有效地“增强”性欲，让行为的“车轮”转动起来。其中自然且具建设性的刺激物有 8 种，破坏性的刺激物有 2 种。从这项研究可以发现，所有心理刺激物中最强、最有力的一种极有可能是性激情。

曾经有个自以为是的人曾说过，天才是个“独居，留着长发，吃怪食物，总是被人嘲讽”的人，更加准确的定义应该是“天才是发现了怎样提升思想深度的人，这种提升的程度，使他能很容易得到普通的思想不能得到的知识”。

关于“天才”的定义，善于思考的人自然有些疑问。

第一个问题是:“普通人如何接触一般思想无法取得的知识？”

第二个问题是:“有些知识是不是只有天才才能知道，如果有，这些知识的来源是什么？此外，到底怎样才能得到这些知识来源？”

我们将提供一些证据，你可以在检视自己的过程中求证，而且，通过这种做法，我们可以找到以上两个问题的答案。

## “天才”是通过第六感培养出来的

第六感的存在是确实无疑的。创造型想象力就是第六感。很多人一辈子都没有使用过第六感，而且就算他们曾经使用了，也基本都是偶然地使用。有意且有目的地使用第六感功能的人非常少。只有天才才会依意愿使用第六感，而且是在了解其功能的情况下使用。人类的有限心灵与无穷智慧之间，直接联系的环节，就是创造型想象力。

发明界所有基本或新原则的发现，以及所有在宗教领域中提到的气势，都是通过创造型想象力产生的。

## 灵感来自何处

当观念或者设想通过一般所谓的“灵感”闪现在大脑中时，它们就是从以下的一个或多个来源产生的：

（1）无限的智慧。

（2）他人的观点。即通过有意识的思想表达一个人大致的观点、设想或观念。

（3）来自他人的潜意识宝藏。

除此之外，构想或“灵感”不可能被其他来源激发。

当大脑被 10 项刺激物中的一或多项刺激而产生作用时，它就会达到提升个人思想水平的效果，使之超过普通的程度，也使他所能够想象到的远景、意念深度和特质，超过了普通的、低等层次的思想所能达到的高度；这是个人在面对专业问题时和解决事业问题时，所使用之思考能力无法到达的境界。

一个人受到某种心理刺激后，他的思想水平将达到比较高的层次，这时候我们可以用坐飞机来形容他的相对位置。当飞机飞到一定的高度后，人就可以看到在地平面上看不到的景物，因为这些美景都位于地平线之外。另外，如果思想达到了这样的高度，那么一个人在为了三项基本需求（吃、穿、住）奋斗时，他们的视野就不会受到限制。在一个人现在所处的思想境界中，普遍而枯燥的思想已经被消除了，就好像飞机在上升时，地面的山丘、山谷及其他视觉障碍顿时被甩在身后一样。

在这种思想高度上，大脑能自由发挥创造功能，扫清了供第六感发挥的道路，个人能接受到的设想是在其他环境下所无法得到的。其实，“第六感”可以用来区分天才和普通人的能力。

## 培养创造力

“个人潜意识”以外产生的原动力会因为创造力的使用而变得更灵敏，且使人更易于接受它们，一个人越是使用创造力，就对它越是依赖，且需要它来产生意念冲动。创造力需要经常被使用，才能得到培养和发展。

我们所谓的“良心”，完全是通过第六感的能力来运作的。

伟大的艺术家、作家、音乐家和诗人通过运用创造型想象力的天赋，养成了依赖心底发出的“细微声音”的习惯，这就是他们伟大的原因。想象力“敏锐”的人都知道，所谓的“灵感”是他们最好的设想的来源。

一位伟大的演说家在激起全场轰动之前，总是先将双眼闭上，完全依赖创造型想象力功能。当有人问他在演讲高潮到来前为什么要先闭上眼睛，他答道：“只有通过这种方式，我才能说出来自内心深处的想法。”

美国一位最成功、最有名的金融家有一个习惯，先闭上眼睛，两三分钟后再做决策。有人问他为何如此做，他回答说：“闭上眼睛时，我所能寻找的智慧来源更加优越。”

## 发明家如何有好点子

马里兰州埃尔摩·盖茨博士已经去世了，他共有200多项有用的专利，通过培养与应用创造能力产生的专利占了很大部分。对于有意取得天才地位的人（盖茨博士无疑属于此类人物）而言，他的做法不但重要，而且有趣。世界上伟大而又不出名的科学家并不多，盖茨博士就是其中之一。

他在实验室里有个“个人沟通室”。这个房间堪称绝对隔音，而且有阻挡光线的功能。里面有一张小书桌，桌上摆着一沓纸。桌前的墙壁上有一个电钮，这个电钮是用来控制光线的。当盖茨博士想运用创造型想象力的时候，就会进入这个房间，在桌前坐下，关掉电灯，集中精力关注发明对象的已知因素。他就这样安静地坐着，直到大脑中闪现出与发明有关的未知因素。

有一次，他写了近3个小时，因为不断有设想进入他的大脑。

当意念不再源源不断地涌出时，他检查笔记，研究笔记上详细列举的一些原则，在科学界已知的资料中，找不到任何和这些原则相同的东西。另外，他的笔记已经巧妙地回答了问题。

盖茨博士的谋生手段就是为个人或公司“坐待构想”。美国一些大的公司会购买他的“坐待构想”，以小时为单位付费，付给他的报酬非常丰厚。

由于推理能力大部分受到个人积累的经验的引导，所以它存在很多不足，实际上，个人通过经验所得的知识，未必是绝对正确的。而通过创造能力取得的设想更加靠谱，原因是相比于心灵的推理能力，创造型设想的来源更加可靠。

## 天才的工作方法也适用于你

天才是通过创造型想象力的天分工作，狂热者则完全不了解这种能力，这就是天才与狂热的发明者之间最大的差别。科学界的发明家则会同时利用综合型想象力和创造型想象力。

比如说，科学发明家在着手一项发明时，会组织及整合已知的知识或根据经验得到的原则，并且使用自己的综合能力（推理能力）。如果他发现累积的知识并不能够支撑他完成这项发明，他就会通过创造能力获取知识。不同的人在完成这项工作时有不同的方式，但以下则是其中的必要条件：

（1）为了发挥比普通水平高的功能，他能够使用 10 项心灵刺激物中的一种或几种，或自行选择其他的刺激物来激励自己。

（2）他会在发明对象的已知因素（已完成的部分）上集中精力，并在心中构造未知因素（未完成的部分）的完美影像。他会记住这些影像，直到潜意识接手，然后将心中杂念清除，等待答案"闪现"到大脑中。

有的时候结果是快速而又明确的，有的时候结果是否定的，这完全由第六感决定，或者由创造能力的发展状态决定。

爱迪生先生在得到制造电灯泡的答案之前，通过综合型想象力进行了 1 万多种不同设想组合的尝试。在发明留声机时，他也有类似的经验。

大量可靠的证据证实，世界上存在创造型想象力的天分。要想找到证据，只需要仔细分析各行各业中未受广博教育却能成为领导者的人。林肯是伟大领袖中的典范。他就是通过发掘、运用创造型想象力而日趋伟大的。他在遇到安妮·拉特利奇后感受到了爱的刺激，所以才发现并开始使用这种能力，这也是和研究天才来源有关的重要证据。

## 性的驱动力

在丰富的历史记录中，因为女性的影响而成为伟大领袖的例子非常多。

这些女性通过性欲的刺激，唤起了这些领袖心中的创造力。这些领袖就包括拿破仑。受到第一位妻子约瑟芬的激励，他无往不胜。当理性或者判断力促使他抛弃约瑟芬时，他的辉煌就成为了过去。

假如大家认为无伤大雅的话，我能够随手举出几十位大家熟悉的美国伟人的例子，他们在妻子的激励作用下，走上了人生的制高点，但因为名利的刺激，抛弃糟糠之妻，另结新欢后，就什么都没有了。

人脑会对刺激做出反应！

性的激励是最大最强的刺激之一。如果这种刺激能够合理地转变，该驱动力就能使一个人提升到较高的思想领域，使他有能力掌控烦琐、烦恼的来源和属于较低思想层次的焦虑。

为了加深印象，我们在验证这个结论时可以讨论一些人的传记。我们在此提出的例子都是一些取得辉煌成就的人，人们普遍认为他们的性魅力比较高。很明显，他们的天才都是从性欲转换中找到了力量源泉，这些人包括：

乔治·华盛顿
拿破仑·波拿巴
威廉·莎士比亚
亚伯拉罕·林肯
拉尔夫·爱默生
罗伯特·彭斯
恩里克·卡鲁索
托马斯·杰斐逊
艾伯特·哈伯德
艾伯特·加里
伍德罗·威尔逊
约翰·佩特森
安德鲁·杰克逊

你也可以翻阅传记资料，续写这份名单。如果有可能，请尝试找出整个文明历史中，在某一行业中有突出成就但不善于运用性魅力的人。

假如你不想只是以死人的传记为资料，那么请将你所知的当代杰出人士列一个清单，然后看看是否能在其中找出一位性特质不高的人。

性能量是所有天才的创造能量。不管是过去还是将来，都不可能存在一个不具有性魅力的伟大领袖、建筑师或艺术家。

当然，不会有人产生这种误解，所有具备高度性欲的人都是天才。要想成为天才，唯有一种途径，通过想象力的创作天分，努力刺激自己的内心，使自己能汲取所有现存的力量。性能量是最主要的产生这种“提升”的刺激物，但要说产生天才，不是纯粹拥有这股能量就够的。不管怎么说，这股能量需要经过肉体接触的欲望，转化为其他行为的方式和期望，才能将我们提升到天才的行列。不过，对于大多数人来说，不但不能因强烈的性欲望成为天才，反而因为错误的认识而错误地使用这股强烈的力量，最终把自己降低到动物的行列。

## 为何成功总在 40 岁以后

我至少对 2.5 万人进行过分析，发现那些成就突出的人士很少在 40 岁之前创造辉煌，而且，在 50 岁之后才取得这种地位的人占到了大多数。这是一个非常令人惊讶的事实，所以我仔细地研究了其中的原因。

研究结果显示，大部分人在四五十岁以前都沉溺于通过肉体方式表达性激情，他们的精力被耗费了，所以才不能取得成功。性欲的重要性远远超过肉体表现的重要性，但大部分人永远不会懂得性欲望的潜力。而了解这一点的人基本都在性能量高峰期白白浪费了许多时间，直到四五十岁才醒悟过来。认识到这一点之后，他们才开始取得辉煌的成就。

许多人的生命表现为过了 40 岁仍然没有停止浪费精力，那些精力原本可以转为更有力的途径。他们到处浪费自己较好且较有力的情感。男性的这种习惯说明了一个道理：年轻放荡。

总而言之，人类情感中最强烈且最具驱动力的欲望明显就是性的欲望，也正是因为这一点，如果这股力量经过控制并转化为肉体表达以外的行为，一个人就能够提升自我，从而取得伟大成就。

## 最强大的心灵刺激物

这样的例子在历史上比比皆是，有人拿麻醉剂或者酒精等当作刺激物，让自己达到天才的地位。爱伦·坡在酒的作用下写出了《乌鸦》一诗，“做了一个凡人从来不敢做的梦”。詹姆斯·惠特科姆·赖利的最佳作品就是在酒后写出的。可能就是这时候，他才看到了“现实与梦境的理想结合，溪上的薄雾，河上的磨坊”。

但有一点不能忘记，有很多人到最后都把自己毁了。大自然准备了玉盘珍馐，供人们彻底地刺激心灵，使其转化为神奇的、伟大的思想，这些思想来自于——没有人知道的地方。至今还找不到令人满意的能取代大自然这种激励物的代替品。

精神激励和性欲之间有密切的关系，这个事实解释了为什么原始部落中的普通人，在参与宗教“复活”的狂欢会时，总是表现得非常夸张——心理学家都很清楚这项事实。

这个世界由人的情感统治着，文明的命运也由人的情感决定。人们的行为同样受到“感情”和理智的影响。创造能力不是靠冷酷的理智赋予它行动，而是完全靠情感来赋予。性激情是人类情感中最强有力的一种。当然其他心理激励物（有些已列出来）也比较有力，但其中任何一项，甚至它们的总和都比不上性驱动力。

永久性或者暂时性提升思想强度的所有影响力都是心理刺激物。最常被人们使用的一些刺激力量就是上文列举的 10 种主要刺激物。通过这些力量的刺激，个人可以随意进入自己或他人的潜意识宝库，天才就是这样产生的。

## 个人魅力的宝库

一名老师曾经给 3 万多名销售人员做过培训，他有一项令人震惊的发现，一般来说，最有效率的推销员都是高度感性的人。只有一种解释，性的能量就是一般称为“个人魅力”的个性因素。高度性感之人的魅力总是源源不断的。通过培养和了解，这股生命力可以在使用人际关系方面发挥有利作用。通过以下的媒介，这股能量可以传达给他人：

（1）握手。通过手的接触可以立即看出一个人是否有吸引力。

（2）声音语调。性的力量或魅力能使声音悦耳动听。

（3）姿态和行为。高度性感的人行动优雅而又轻快。

（4）思想的悸动。高度性感的人会融合思想和性的情感，或者可以根据自己的意愿肆意潇洒，而且这种方式对他周围的人也产生一定影响。

（5）服饰。高度性感的人基本都非常在意自己的外表。他们总是选择适合自己的个性、身材和肤色等的着装风格。

精明的销售经理在雇用推销员时，会在他身上探寻个人魅力的特征，这是作为推销员的“第一要件”。性能量不足的人，永远都不可能具备热忱的特质，也无法以热忱刺激他人，热忱是推销术中最重要的必需品，不管他要售卖什么商品。

如果辩论家、公众演说者、律师或推销员缺乏性魅力，那么他影响他人的能力就存在“大缺陷”。将这一点与另一个事实联系在一起，你就会理解，作为推销员的必备能力，性魅力是非常重要的。这个事实是，大多数人只能通过情感才会受到影响。推销大师精通推销术的原因是，他们有意间或者不经意间将性魅力转化为销售热情！说不定从这个说法中，可以得到一个更加真实的性欲转换的意义。

如果推销员懂得让自己对性问题的关注转化为热忱和决心，并以此指导销售工作，他就已经获得性欲转换的技巧了（不管他是不是知道这个过程）。大多数成功转化性欲的推销员并不知道自己是如何做到的，甚至不知道自己在做什么。

需要不凡的意志力的投入，才能使性能量得以转化，而且所付出的努力超过了一般人为此目的而付出的努力。如果你认为很难拿出充足的意志力来转换性欲，那么你可以一点一滴地培养这一能力。虽然这需要意志力，但你所做的努力一定会换取更多的回报。

## 关于性有害个性之误说

关于性的问题，很多人表现出来的无知都是不可原谅的。一些心思不端而又无知的人，总是讥讽、误解和诽谤性冲动。

一般认为有幸享有——的确，这是非常幸运的事——强烈性特质的男女，这些人总是会吸引人们的注意，他们也通常被认为是不受祝福的人、受诅咒的人。

即使在这个包容开放的时代，错误地认为性力量是一种不幸的人有成千上万，他们都养成了自卑感。

实际上，这些称赞性能量的观点不应被解释为是在为放荡辩护。只有在明智、有辨别力的情形下，性激情才能成为一种美德。它可能被误用（这种事经常发生），其结果不但无法丰富身心，反而使性被贬低了。

作者发现，几乎所有成就不凡的伟大领袖都深受一位女性的激励。而且在很多事例中，“当事的女主角”经常是一个牺牲自己的妻子，她们有谦逊的美德，而群众要么不了解她们，要么对她们的了解非常少。

也有一些例子证明，“另一位女性”是刺激的来源。

所有的聪明人都知道，通过麻醉药和饮酒而来的过度刺激，是一种毁灭性的放纵方式。然而，大多数人都不知道，过度沉溺于性会让人养成一种习惯，对于创造性的工作来说，这种习惯的伤害性和破坏性不亚于酒精或麻醉剂。

一个着迷于性的人和沉迷于毒品的人，两者并没有什么区别！两者都无法控制其意志力和理性能力。

很多妄想症（一种梦幻的疾病）的患者，他们的病因就是来自于对性的真实功能无知所养成的习惯。

我们看得出来，对性欲转换的无知，不但会使无知者受到严厉的惩罚，而且会使他们无法获得丰厚的回报。

因为性的问题一直被包围在神秘和回避中，所以出现了对性的普遍无知。回避和神秘对年轻人心理的影响和禁止所导致的心理状态是一样的。最终，这个“禁忌”话题更激发了好奇心，让人期盼深入研究这个问题，然而，多数心理学家和所有立法者都经过了良好的训练，他们最有资格教导青年人，但这方面的知识一直都不易取得，这一点真是令人惭愧而又遗憾。

## 40 岁以后的成功

在 40 岁以前就开始从事具有高度创造性的工作的人非常少。一般人最强的创造力阶段都在 40 ~ 60 岁之间。这是根据仔细观察千千万万男女后分析得来的结论。对那些无法在 40 岁以前成功，还有那些年纪在 40 岁左右，以及那些对于就要面临“老年”感到害怕的人来说，这个结论有一定的激励效果。从理论上来说，40 ~ 60 岁之间是取得成果的年纪。接近这个年纪时，不应心怀焦虑和恐惧，而是应该满怀希望、热切期待。

假如你需要证据来证明，大部分的人都是40岁以后才有更好的成就，可以翻阅美国人所熟悉的成功人士的记录，你就可以得到证据了。亨利·福特直到过了40岁才走上成功的道路。安德鲁·卡内基在40多岁的时候，才开始享受努力的成果。詹姆士·希尔40岁时还在敲电报键，他表现出非凡成就的时候，已经在那个年纪以后了。美国资本家和企业家的传记里，充满了可证明40～60岁之间的岁月，是人生产能最大的时期的证据。

人们开始学习性欲转换技巧的年纪，就是30～40岁。一般来说，这是一种偶然的发现，而且经常是完全不自觉的。人们在35～40岁，可能注意到自己的能力变强了，但在大多数情况下，人们并不知道因为什么才发生了变化。在30～40岁之间，一个人爱的情感和性的激情自然而然地开始趋于和谐，因此他可以整合这些强大的力量，使之成为一种力量刺激自己的行动。

## 开启情感动力

性本身是一股激励行动的强大动力，这是一种像暴风一样的力量——很少有能控制住的时候。但当性的激情与爱开始融合起来时，就会得到心情平定、目标专一、判断精准、身心平衡的结果。最大的不幸莫过于一个人到了40岁之后，仍然无法感受到这些，并通过自己的经验来加以印证。

如果只是因为性的激情，而受到取悦女性的欲望力量所驱使，那么男人也可能会（而且经常会）获得非凡的成就，但其行为可能扭曲、混乱，而且绝对具有破坏性。在完全为性的动机下，男人受到取悦女性欲望的力量刺激时，可能会去欺骗、去偷甚至去杀人，可是当爱的情绪融入性的激情时，一个人就可能会以更理性、合理、清楚的方式来控制自己的行为。

能驱使男人达到成就的巅峰的刺激物有爱、浪漫和性。爱能确保身心平衡、和谐及做出建设性的工作，其作用就像是安全阀。如果这三种情感结合在一起，就有可能让一个人成为天才。

情感是一种心理状态。自然赐予人类“心理催化剂”，它的原理和物质的化学变化非常相近。大家都知道，化学家在化学实验中可以融合好几种化学成分，生成致命的毒药，但如果这些成分的剂量适当，没有一种药品是有害的。情感也可以这样混合起来，形成致命的毒药。性激情和嫉妒结合时，可能会让人类变得和野兽一样没有理智。

当人类心中出现一种或几种破坏性情绪时，便会通过心理的化学变化，产生一种可能破坏个人正义感的毒素。

通往天才的路上包含了控制、发展和运用“性”“浪漫”与“爱”的情感。基本过程是：鼓励这些情感的出现，让这些感情控制心中的意念，压制所有破坏性情感的产生。心理是习惯的衍生物，它会依赖灌输其中的主宰意念而繁盛生长。在意志力的作用下，人可以刺激某种情感的产生，也可以压制某种情感的产生。

实际上，人们很容易通过意志力的作用控制心理过程。控制来自习惯和毅力。了解转换的过程就是控制的奥秘所在。当出现了某种消极的感情时，都可以通过改变个人思想的简单过程，将它转化为建设性的或者积极的情感。

想成为天才，没有任何途径，只有凭借自我努力！一个人只可能在性的鞭策下，走上事业或者经济的巅峰，但历史的证据也充分揭示出，这些人可能（而且经常）具有性格上的一些特点，他持有或享受财富的能力会被这种特点削弱。这点颇值得我们思考、研究和分析，因为他陈述了一个事实，不管是男人还是女人，了解此事实都是有帮助的。成百上千的人拥有了财富，但不了解这个事实，因此他们失去了快乐幸福的权利。

## 真爱永不可能完全失去

爱的记忆永远存在，哪怕刺激消失了，人们的心中依然会长期保留记忆，这种记忆能引导人，并对人产生影响，这种情况经常发生。所有被真爱打动过的人都知道，在人的内心中，真爱留下的痕迹永远存在。爱的本质是精神的，爱的影响会长期保持。得不到爱的激励而无法登上成就高峰的人，如同行尸走肉，他们是没有希望的。

要经常回忆过去，在曾经美好的爱的回忆中沐浴心灵。眼前的忧虑和苦恼因此而减少，你可以暂时逃离不愉快的现实生活，说不定——谁知道呢——暂时回到幻想世界中去吧，你的心灵会给你带来让你人生的经济地位或精神地位发生改变的计划或设想。

假如你因为自己曾经投入爱，后来又失去了爱而感到不幸，那么请把这种想法放弃。真正爱过的人不可能完全失去爱。爱总是说变就变，没有定数。有爱时，好好地抓住，尽情地享受，但你的担忧留不住爱，请不要担心它会离你而去。

也别存有真爱只有一次的念头。爱的次数是不固定的，它去了还会再来，但从来没有两份爱会以同样的方式对一个人施加影响。一般来说，某一次爱的经历会在心中留的记忆是非常深刻的。但只要一个人不会在爱离去时变得愤世嫉俗，所有的爱都是财富。

如果一个人了解性激情与爱之间的区别，就不应对爱感到失望，两者的主要区别是，性是生理的，爱是精神的。除了妒忌和无知，通过精神力量打动人心的经历，不可能是有害的。

很明显，爱是人生最重大的体验。当性、爱和浪漫结合在一起时，可以引导人表现出非常高的创造性。如果说筑造成就的天才是个三角形，那么“爱”“性”和“浪漫”情感就是它的三条边。

爱是一种具有多个层面和色彩的情感。但在所有的爱当中，与性融合为一体时的体验是最强烈、最炽热的爱。如果婚姻中没有爱与性和谐产生的亲密感，就不可能是一段幸福的婚姻，这段婚姻很难坚持下去。如果只有性，或者只有爱，都不能为婚姻带来幸福。人们追求的理想精神境界，就是这两种美好情感互相融合所产生的婚姻，是人们所知最接近不凡的精神层次。

而当浪漫情绪、爱和性的情绪混合在一起时，人类无穷智慧与有限心灵之间的障碍，也就消失不见了。此时，天才已经出世！

## 妻子可以成就男人也可以毁灭男人

如果能正确理解这个问题的答案，很多混乱的婚姻就可以走向和谐。对性的了解不足，会导致没完没了的抱怨，甚至会带来不和谐的生活。如果能正确地理解爱、浪漫及性激情与功能，夫妻之间就会和睦相处。

如果妻子能了解性激情、爱和浪漫之间的真正关系，那么她的丈夫是幸运的。当受到这三种神圣融合的刺激时，所有的劳动都不会成为负担，因为哪怕是最低等的劳动形式，在这个时候也是基于爱而产生的。

有一句古老的俗话说："妻子可以成就男人，也可以毁灭男人。"但其原因并不清楚。实际上，"成就"和"毁灭"就是妻子是否对"爱""性"和"浪漫"情绪的结果有一定的了解。

假如夫妻之间曾经存在过一份真爱，妻子却让丈夫对她不再感兴趣，甚至转而对另外一个女人产生了兴趣，其中的原因往往是妻子对于性、爱和浪漫的无知和漠视。这个道理也适用于让妻子对自己失去兴趣的男人。

已婚者经常为各种鸡毛蒜皮的事不断争吵。如果深入地分析这件事，你会发现不理解或不关心性、爱和浪漫等问题，是这些难题的真正根源。

## 没有女性的财富毫无价值

取悦女人的欲望是男人最强的激发力！文明曙光以前的史前时代中，猎人想在女人面前表现英勇，于是要表现杰出优越。男人在这方面的本性从来没有发生改变。现在的“猎人”仍然渴望得到女人的青睐，但带回家的不是野兽的毛坯，而是华服、汽车和财富。现代男人取悦女性的欲望与史前一样，并没有什么改变，唯一改变的是他的取悦方式。男人主要是为了满足取悦女性的欲望，才累聚巨财和很高的权势与声望。对于他们大多数人而言，要是夺取了他们生命中的女人，不管有多少财富都是没有意义的。男人天生想取悦女人的欲望，决定了女人有能力成就或毁灭一个男人。

了解男人的本性，并巧妙地迎合其需要的女人，不要担心来自其他女人的竞争。男人在和其他男人交往时，可能是个“英雄”，也具有不屈不挠的意志力，但他所选的女人总能轻易地操控他。

因为雄性动物天性喜欢被认为是物种中的强者，所以大部分男人不会轻易承认自己受喜爱的女人的影响。此外，如果一个女人够聪明，她就会认同这种男子气概，而且明智地不去争论这个问题。

有些男人非常清楚，自己容易受自己选择的女人（妻子、情人、母亲或姐妹）的影响，但他们不会过度反抗这股影响力，这是一种聪明的做法。因为他们够聪明，知道没有一个合适的女人对其施加恰到好处的影响，他们就是不完整的，也是不快乐的。无法体认这项重要事实的男人，就失去了取得成就所需的最强大力量。

# 第 12 章
# 潜意识

## 串联的环节——致富第十一步

潜意识由一个有意识领域所构成，所有通过五种感官抵达意识的意念冲动，都会在潜意识中被分类、记录，如同从档案中拿出信函一般，能够进一步唤醒或产生出思想念头。

不论感觉或思想的性质如何，潜意识都会接收并进行分类。某种你渴望转化为实质或金钱等价物的意念、计划或目的，都可以自动在潜意识中扎根。潜意识首先对与情感（比如信心）相结合的主宰欲望做出响应。

如果同时考虑第 2 章的 6 个步骤和第 7 章里的要求，你就会知道其中所表达的思想的重要性。

潜意识没日没夜地工作。通过人所不知的一种程序方法，潜意识从无穷的智慧中吸取力量，自动地将一个人的欲望，转变为等价的物质。

你不能绝对控制潜意识，但可以根据自己的意愿将你希望转化为具体形式的欲望、计划或意向传达给它。请重读一遍第 4 章和第 12 章的内容要求。

人类有限心灵与无穷智慧之间连接的环节就是潜意识，我们有足够的证据支持这种观点。个人通过潜意识这种媒介，能够尽情地吸取无穷智慧之力。它本身包含了一种秘密的过程，在这个过程中，心灵的冲动被纠正，改变为精神的等价物。它本身也是一种中介，通过这种方式，祈祷便可传达到足以回应这种祷告的泉源。

## 如何激发潜意识的创造力

潜意识有令人震惊的创造性，它以非常强大的力量刺激个人。

每次谈及潜意识，我都感到自己是何其卑微与渺小，这可能是因为人类对此了解太少。

当你接受了潜意识存在的事实，并认识到它可能成为将你的欲望转化为金钱或者实际等价物的一种媒介后，你就会了解第 2 章提出的摘要的完整意义。你也将了解，为什么要不断地提醒你，必须了解自己的欲望并把它改写为文字。你当然也会认识到毅力对于实行指示的必要性。

这 13 项原则涵盖了一些激励物，通过这些刺激物，你就能得到接触与影响潜意识的能力。首次尝试此做法失败时，千万别灰心丧气。要知道，在第 3 章的指导下，只有通过习惯，潜意识才能受到自己的意愿引导。可能你现在还不能建立信心，但只要有毅力、有耐心，就一定可以培养出信心。

为了培养你的潜意识，在此将重述第 2 章和第 3 章中的许多说法。要知道，不管你有没有努力施加影响，你的潜意识都会自动产生效果。这一点自然也是在给你一个提醒，能充当潜意识刺激物的，也包括贫穷和恐惧的想法，以及一切消极负面的思想，除非这些冲动在你的控制之下，而且你给潜意识提供更适宜的养分。

潜意识并不会偷懒！如果你不能把你的欲望种植在你的潜意识中，那么，你就有可能因为懒惰而让你的潜意识接受、容纳任何观点。我们已经说过，无论是消极还是积极的意念冲动，都不断地通过 3 条路线（第 11 章已经讲过）传达给潜意识。

你每天都在各种意念冲动中生活，在你不知情的状况下，它们不断被传递给潜意识。此时，如果能记得以下这点就足够了：这些意念冲动有积极的，也有消极的。你现在要通过积极的欲望冲动影响潜意识，同时努力压制消极的冲动。

在你能够做到这点之后，就拥有了开启潜意识之门的钥匙。不只如此，你还会完全控制这扇门，甚至能使不利的意念不能对潜意识施加影响。

如果之前没有意识产生作用，人就无法创造出东西。在想象力的帮助下，意念冲动可归纳为计划。在受控制的情况下，想象力可用来创造目标或计划，指引个人在其选择的事业中获得成功。

一定要经过信心和想象力的结合，所有意图才能转化为实质等价物，进而自动植入潜意识，形成意念冲动。也就是说，只有通过想象力，才能完成将计划或目标与信心相结合，再传达到潜意识的过程。

通过这些叙述，你就会发现，需要所有原则的协助与应用，你才能凭借自己的意愿利用潜意识。

## 如何利用积极情绪

相比于单独由理性产生的意念冲动，与情感或情绪相结合的意念冲动，更容易影响潜意识。实际上，“只有被赋予情感的意念，才能对潜意识产生行动的影响力”。很多例子都验证了这项理论。大家都对这个事实非常熟悉：很多人都会被情绪或情感控制。如果潜意识真的对融合了情绪的意念冲动的回应比较快，而且较易受它们的影响，那么就有研究这些重要情感的必要。积极情感主要有七种，消极情感也有七种。消极情感会自动灌输到意念冲动中，而该通道正好能确保进入潜意识。积极情感则需通过“自我暗示”原则才能倾入个人希望传递给潜意识的意念冲动（有关指示见第4章）。

这些情绪或情感冲动可比拟为面包中的发酵粉，它们构成了行动要素，可将被动的意念冲动转化为主动状态。所以，我们不难理解，相比于“冷静理智”产生的意念冲动，与情感相结合的意念冲动会更容易发挥作用。

此时，你正在做好准备影响和控制潜意识的“内在看客”，以便能将那股对金钱的欲望（你希望能将其化为金钱等价物）传达到潜意识。因此，你有了解靠近“内在观众”的途径。你一定要讲它懂的语言，不然它就不会听到你的呼唤。情绪或感觉的语言是它最了解的语言，所以我们要在此讨论七种主要的积极情绪和七种主要的消极情绪，这样一来，你在下达指令给潜意识时，就可以避免消极情绪、利用积极情绪了。

**七大正面情绪**

**欲望　热忱　信心　浪漫　爱的　希望　性的**

当然还有其他情感，但以上情绪是创造性工作应用最普遍的七种，也是最强大的七种情绪。掌控这七种情感（要想掌控它们只能通过一定的方法），你就可以在需要的时候使用其他情绪。因此，要牢记，你正在阅读的这本书会帮助你培养“金钱意识”，让你心中充满积极情感。

**七大消极情感**

**恐惧　贪婪　嫉妒　迷信　怨恨　愤怒　报复**

你的意识无法同时被积极的情绪与消极的情绪占有，其中必定有一种处于主导性的地位。你一定要让你的内心被积极情绪支配，你有责任这样做。这方面，习惯会帮助你，习惯的法则很重要。人们需要养成积极情绪的习惯！

要想获得掌控潜意识的力量，就一定要持续地遵循这些摘要。只要一个消极情绪出现在潜意识中，所有由潜意识获得的建设性协助机会就有可能被摧毁。

## 有效祷告的秘密

如果你有敏锐的观察力，那么你一定已经发现，大多数人都只是在失败以后才祈祷，否则他们的祈祷没有任何意义，只是一种念念有词的形式。另外，很多人的内心都充满了怀疑和恐惧，因为他们总是在万般不顺的情况下祈祷，所以在潜意识的作用下，这种恐惧传达给无穷智慧的情绪。也正是这一点，无穷的智慧收到了这些情绪，并做出了回应。

如果你带着恐惧的心祈祷某物，你就有可能得不到它，否则就是你的祈祷不能获得无穷智慧的回应，也就是说，你的祈祷根本没有用处。

有的时候，祷告真的会使一个人的祈求化为现实。回忆一下你曾获得所求的经验，想想你当初是以怎样的心态祈求，那么你就一定会知道，这里所描述的理论已经突破了理论的范围。

你和无尽智能沟通的途径，就好像是收音机通过传送声音震动的途径。如果你知道收音机的作用原理，你就必然知道，声音要想传播出去，前提是先改变为耳朵察觉不到的震动频率。广播电台录下人的声音，并进行修改，将其振动提升到几百万次。只有通过这种途径，声音能量才能在空中传播。在发生了这种改变后，广播接收器就能接收声音能量（原来是声音的形式），这些接收装置再将声音能量转回原来的振动频率，这就是识别声音的过程。

潜意识就是一种媒介，它会将个人的祈祷转化为无限智慧可识别的词语，传递出信息，再收到回应；达成祈求目标的设想或者计划就是其回应形式。在掌握了这项原则后，你就会知道，何以光靠得自于祈求书中的文词不能、也永远不能充当人类心灵和无限智能之间的沟通媒介。

所有人皆可祈求财富，而且采取这种做法的人不在少数，但只有少部分人知道，对财富的强烈渴望及明确的计划，是积累财富的唯一途径。

# 第 13 章
# 大　脑

应用头脑——致富第十二步

40 多年前，作者与已故的贝尔博士和盖茨博士合作，发现人的大脑不但是思想震波的广播站，而且是接收站。

所有人的大脑都能够接收他人大脑释放出来的思想震波，这类似于无线电广播的原理。

根据该原理，与第 6 章中所讲的创造型想象力，我们可以进行思考和比较。大脑的“接收装置”是创造型想象力，它接收他人大脑释放出来的思想。这是理性思维或意识与接收思想刺激的四个来源之间的沟通工具。

在震波加快到较高的频率，或者在受到刺激时，人的心灵便变得更容易接受外部的思想。凭借这些情绪，思想震波的频率可能加快。

就驱策力和强度而言，人的情绪中，性高居首位。与没有情绪或情绪稳定时相比，头脑在受性情绪的刺激后，工作频率要快得多。

思想的提升是性欲转化的结果，它使创造型想象力非常容易接收意念。此外，当大脑快速运转时，它不仅能够吸引他人大脑释放出来的观念和思想，还会在自己的思想意念中制造某种倾向，正是这种倾向使潜意识接收意念，并产生作用之前所必需的因素。

潜意识是头脑的“发射站”，思想震波通过它发送出去，而创造型想象力则是用来获得思想能量的“接收器”。

除了创造型想象力的功能、潜意识的重要因素（大脑广播设备的发射与接收装置由二者组成）外，还要加上“自我暗示”的原则，这种工具使“广播站”得以产生效果。

你已经知道通过第 5 章提供的指示，怎样将欲望转化成金钱等价物。

操作大脑“广播站”的过程相当简单。使用“广播站”时，你要熟记并使用以下三个原则——潜意识、自我暗示和创造型想象力。这个过程从欲望开始，我已经详细地解释了将这三种原则付诸行动的刺激物。

## 神奇的大脑

最后一点，也是最重要的一点，就算人们拥有强大的教育背景和文化，但对思想这种无形的力量仍然知之甚少，甚至根本就不知道。关于有形大脑以及可用来将思想转化为物质等价物的繁杂网络，人们只知道一点点知识。然而现在人类正进入一个新时代，这是一个启蒙思想的时代。科学家已经开始在被称为“大脑”的惊人物体上投入注意力。虽然这一阶段仍在进行研究等启蒙活动，但科学家已经发现充足的知识，证明人的头脑中枢，使脑细胞互相联系的线路数目，相当于“1”字后面加上1500万个“0”。

“这是一个惊人的数字，”芝加哥大学的C.贾德森·赫里克博士说，“相对来说，处理数亿光年的天文数字就显得微不足道了。根据一般的猜测，人类大脑皮层中的神经细胞有100亿~140亿个，而且我们知道这些细胞都以一定的方式排列。这并不是一种随意的排列，而是一种有序的排列。最近开发出来的电生理学方法从微电极的纤维中，或具有精确定位的细胞中，将起到作用的电流排除了，再用无线电管使之增强，结果是记录的潜在差异达到了百万分之一伏特。”

让人难以相信的是，这种网络非常复杂，其存在的唯一目的，就是维持身体功能和延续身体成长。这样的系统能为数十亿个脑细胞提供彼此沟通的通道，那么有没有可能它也能为我们提供与其他微妙的力量进行沟通的方式呢？

《纽约时报》的一篇社论显示，至少有一所大学和一位精神现象的研究员，正在进行一项有组织的研究，得出了与本章及下章的内容基本相同的结论。这篇社论对莱恩博士及其在杜克大学的同事所做的工作进行了简单的分析。

## 什么是“心灵感应”

莱恩博士及其同事在杜克大学获得了丰厚成果。他们至少进行了10万次实验，验证了“超感视觉”和“心灵感应”是确实存在的。《哈泼斯杂志》的前两篇文章对这些结果进行了简要的讨论。在现在发表的又一篇文章中，作者E.H.赖特试图总结有关“超感觉力”的所有发现或者一些看似合理的结论。

目前，根据莱恩博士的实验结果，一些科学家认为，超感觉与心灵感应是确实存在的。多位具有超感力的人在试验中被要求在看不到且无法感觉到纸牌的情况下，尽可能地说出一副特定的纸牌。结果发现，可以准确地识别纸牌的大约有20人，这是一个不小的数目，人们据此得出结论：“他们绝不可能凭借偶然和运气而得到这样的技巧。”但他们是怎样做到的呢？假定这种力量是确实存在的，但它们似乎又是不能被人感知的。这种感觉不是现有的器官所能产生的。在数百里之外做这项实验与在同一个房间内做这样的实验，所得到的结果都是有效的。赖特先生认为，这些事实同时揭示了有关心灵感应与超感觉问题，有人试图通过物理放射理论来解释。随着距离的增加，任何已知形式的放射能量都会减弱。但这并不包括超感觉和心灵感应。就像其他精神力量一样，它们的确会根据实际目标而改变。与一般的观点不同，具有超感觉的人在半睡着或者睡着的时候，这种现象不会增强，恰恰相反，当他警觉或者清醒时，这些力量最强。莱恩发现，麻醉剂会降低超感觉者的分数，这是不能避免的，但刺激物则总会提升分数。哪怕是最可靠的试验对象，也一定要尽其所能，否则难有良好的表现。

赖特极具信心地得出一个结论，也就是超感觉和心灵感应确实是一种天分。也就是说，“读出”心中意念的能力似乎和“看出”面朝下放在桌上的纸牌是同一种力量。人们之所以相信这一点，主要是基于以下理由。比如，这两种天分已经在具有上述任何一种能力的人身上发现。而且，直到现在，这两者几乎在每个人身上都一样活跃。不管是屏障、墙壁还是距离，都无法对任何一种力量产生作用。根据他的观点，赖特进而认为，实际上，其他的超感觉经验、先知的梦、灾祸的预感等，也许能够证明为同一种能力的组成部分。除非读者认为有必要，否则本文并不要求读者接受这些结论中的任何一种；但人们对莱恩教授所累积的证据，仍然产生了深刻的印象。

## 如何在合作中心领神会

莱恩博士认为，在某些时候，大脑会对所谓的“超感觉”模式做出回应。我现在荣幸地根据他的观点说明一件事实，以补充其证据，也就是我和我的同事们已经发现，在我们所谓的理想情况下，大脑可以得到刺激，并且使得下一章讲到的“第六感”能通过实际方式产生作用。

我与两位同事的密切合作都包括在我所说的情况中。我们通过试验和练习发现了刺激智慧的方法（通过使用下一章中的“隐形顾问”原则），所以如果能综合三个人的智慧，我们就可以找到各种解决客户提出问题的方法。

这是一个非常简单的过程。我们在会议桌前坐好，将所面临问题的性质讲清楚，然后开始讨论。每个人都尽可能地提出自己的想法。这种刺激智慧的神奇之处是，参加会议的每位都能沟通他们经验之外的不明来源的知识。

假如你理解第 10 章中的原则，就必然会懂得智囊团的实际运作过程就是在此描述的圆桌会议程序。

智囊团原则中最实际与最基础的应用，就是这种在三个人之间，共同用一个明确的主题来刺激智慧的方式。

你完全可以拥有“作者的话”中简单介绍的卡内基秘诀，只要你采用和遵循类似的计划，学习这个原理。如果此时这些内容并不能让你心动，那么将此页标出来，等看完最后一章以后，再回头重读一遍。

成功阶梯的顶端永远不会拥挤。

# 第 14 章
# 第六感

通往智慧殿堂之门——致富第十三步

第十三项原则就是所谓的第六感，该原则是本哲学的最高点。通过它，并不需要个人做出或要求任何的努力，无尽的智慧就会自动联系起来。只有先掌握了其他十二项原则，才能完全吸收、理解和使用最后一项。

在潜意识中，第六感被称为创造型想象力的一部分。它也是曾经讲过的“接收装置”，通过第六感，设想、计划和意念进入脑海。有时候，我们用“灵感”或者“预感”来形容这种灵光一闪的情况。

第六感无法形容，还未掌控本哲学其他原则的人没有可以和第六感相比的经验和知识，所以我们无法告诉他们什么是第六感。要想对第六感有所了解，就只能通过内在的心灵发展来沉思冥想。

在理解了本书的原则后，你应该对以下说法的真实性很容易接受（不然你就会认为它难以置信），也就是说：在第六感的帮助下，你会得到即将来临的危险警告，你因此能够避免危险；第六感能告诉你机会的来临，让你随时把握住它。

随着第六感的发展，你将会得到“引导天使”的帮助，它听从你的命令，并为你打开智慧殿堂的大门。

## 第六感的奇迹

作者并不信，也不鼓吹“奇迹”，因为作者对自然有足够的知识，知道大自然从来不会偏离既定的法则。只是有些法则实在难以理解，于是产生了类似奇迹的事。我所经历过最接近奇迹的事物就是第六感。

作者确实知道的只是——有一种力量，或一种智力，或一个最高目标，渗透在每一种物质原子中，拥抱着人们感受到的每个能量单位。一种无穷的智慧使水应引力的法则从高处流向低处，使橡子变成了橡树，使日夜交替出现，使冬夏四季更迭、万物各得其所，相得益彰。通过本哲学的原则，可将这种智力转化为助力，使欲望转化为具体或物质的形式。作者因为曾经实验过，所以才有这样的知识。

经过前述几章后，你已被逐步地引导到了最后的原则。假如你已抓住了前文的各项原则，此时你就可以接受（而且没有任何质疑地）这里的惊人说法了。假如你还不能掌握其他原则，那么你必须先补上这一课，才可以明确地判定本章中所作的忠告究竟是虚构的还是真实的。

经历“英雄崇拜”的年代时，我曾经试图模仿我最钦佩的人。此外我发现，自己努力模仿偶像所依靠的信心，使我得以成功。

## 让伟人塑造你的人生

我从未完全放弃崇拜英雄的习惯。我的经验告诉我，如果无法成为真正的伟大人物，也要模仿这些人，尽可能地在行动和感觉上接近他们。

早先试图在众人面前发表演说或发表一首小诗之前，为了重新塑造自我，我养成了模仿9位伟人的习惯，这9个人的一生和人生成就，给我留下了深刻的影响。他们是爱默生、潘恩、爱迪生、达尔文、林肯、伯班克、拿破仑、福特和卡内基。在很长的一段岁月里，我每晚都和这些人开假想的讨论会议，我称他们为我的看不见的顾问。

过程是这样的，每天晚上在睡觉之前，我闭上眼睛，然后在想象中看到我和这群人一起围坐会议桌前。这时候，我不仅有机会坐在伟人当中，而且担任主席职位，实际上是这群人的领导者。

我带着一个非常明确的目标，沉湎在这种每夜会议的想象中。我要重塑自己的性格，使之成为这群假想顾问个性的综合体，这就是我的目的。我在青年时代便已懂得，必须克服迷信和无知环境形成的障碍。所以为了自动再生，我有意通过上面的方法重塑自己。

## 通过自我暗示塑造个性

当然我知道，所有人都因为他们的支配性的欲望和思想而养成了他们现在的性格。我知道每个深藏的欲望，都能促使个人寻求外在表现，通过那些表现，欲望可转变为事实。我知道，在建立性格时，自我暗示是一项很有力的因素，所以，实际上，它也是用来塑造个性的唯一原则。

有了这些心灵运作原则的知识，我逐步配备了重新塑造个性所需的条件。在这些假想的会议中，我要求我的阁员们提供我需要的知识，我要听见他们的声音，我会对着他们大声地说:

“埃默森先生，我希望从您那里获得了解自然的神奇力量，它曾使您的一生取得了不凡的成就。我请您把使您能够了解并且适应自然规律的气质，深印在我的潜意识中。

“伯班克先生，我要求您教授使您与自然规律如此协调一致的知识。通过这样的知识，您使得仙人掌去除尖刺而变成食品。告诉我您是如何使只长一个叶片的草现在长出了两片。

“拿破仑，我要向您学习，我希望获得您所具有的神奇才能，这种才能可以使他人得到鼓舞，并唤起人们更大和更果断的行动精神。同时，我还想获得您持久的信心，这种信心让您转败为胜、克服巨大障碍。

“潘恩先生，我希望从您这里获得使您不同于平常人的那种自由的思维，以及表达您的信念的那种勇气和智慧。

“达尔文先生，我希望从您那里得到永不枯竭的耐心，以及在没有丝毫偏见的精神下，研究因果关系的那种能力。

“林肯先生，我希望在自己的性格中，建立起敏锐的正义感、幽默感、不倦的耐性、对人性的了解和坚强的毅力，以及对人的理解与宽容。

“卡内基先生，我希望能彻底了解怎样建立合作努力的各项原则。您曾十分有效地利用这些原则，建立了一个伟大的企业组织。

“福特先生，我希望得到您的坚毅、果断、镇定和自信的精神。这些品质使你能战胜贫困，并组织、团结及简化人类的工作。我因此可以有助于别人，让他们沿着您的足迹前进。

“爱迪生先生，我希望从您这儿获得您发现众多自然奥秘所具有的神奇的信心，以及你不辞辛苦、经常从失败中夺回胜利的不懈精神。”

## 想象力的惊人力量

由于我和假想的内阁成员们的性格特征各不相同，所以我讲话的方式会有所变化。我极其认真地研究过他们的生平记录，在这种晚间的想象会议实行了几个月之后，我惊异地发现这些假想人物竟然变得如此生动。

让我感到惊讶的是，这9个人各有其发展特性。例如，林肯有迟到的习惯，然后以庄严步伐到处走动，我很少见到他的微笑，他的脸上总是挂着沉重、严肃的表情。

其他几位可就不同了。伯班克与潘恩常常有巧妙的问答，有时似乎使其他阁员都会对这些对话感到惊讶。有一回，伯班克迟到了。他来到时兴高采烈，并解释他因为在做一项实验而迟到，他希望借此试验，使任何一种树都能长出苹果来。潘恩就责备他，并提醒他说，苹果是男女间所有问题的开端。

达尔文开心地哈哈大笑，同样建议潘恩到森林里采集苹果时，特别小心小蛇，因为小蛇会长成大蛇。埃默森听了便评论说：“没有蛇，就没有苹果。”拿破仑则又加了一句：“没有苹果，就没有国家！”

这些会议开得如此的真实，以致我开始对其结果感到害怕，数月不敢再想此事。这些体验非常怪诞，我担心如果继续下去的话，我怕我会忘记了这些会议只是我的想象而已。

这是我第一次鼓足勇气提起这件事情。在此之前，我对于这件事一直保持缄默，因为由我自己对有关此类事物的态度，我知道，如果我将这种非常的经验讲出来，别人一定会对我产生误解。我现在已经有勇气将这些亲身经验写成文字，是因为我已不若以往那般，那么担忧“他们说”的话了。

当然，我要在此再次强调，我的内阁会议纯粹是想象的。但是我有权说明，虽然会议仅存于我自己的想象中，我的阁员可能纯粹是虚构的，但正是这些会议引导我走上了光辉灿烂的道路，重燃我对伟大事业的向往，激励我做出创造性的工作，并使我拥有财富与思想。

## 开启灵感的源泉

人脑的细胞组织的某处，存在一个器官（一般称之为“预感”），它能接受意念震波。到现在为止，科学尚未找出这个第六感的器官位于何处，但是这无关紧要。人类的确可以通过身体感官以外的来源接收正确的知识，这仍是事实。一般来说，当心灵受到不寻常的刺激时，便会接收到这一类的知识。任何激发情绪的紧急事件，并使心脏比平常跳动得更快的紧急状况，通常都会使第六感活跃起来。凡是有在开车中差一点出车祸经验的人都知道，在这些情况下，第六感总会在千钧一发之际及时出现，使人避免车祸。

通过上述事实，我想说的是，在我和“隐形顾问”开会期间，我发现大脑最容易接收通过第六感传来的意念、思想和知识。

有好几十次，我面临着紧急事件（有些甚至严重危及生命），通过“隐形顾问”的影响力，我都在奇迹的指引下渡过了难关。

我与想象中的虚拟人物举行会议的最初目的，就是通过自我暗示的原则，在我的潜意识中，深深地印上我所渴望获得的人物个性。在最近几年，我的实验开始有了不同的做法。现在，我会请教我虚拟的顾问有关困扰我和我的客户的问题，结果，往往会使人大为惊讶，虽然我并不完全依靠这种咨询方式。

## 缓慢增长的强大力量

第六感并不是个人随时都能得到或者抛弃的东西。使用这一强大力量的能力是缓缓而来的，要凭借本书所述的其他各项原则。

无论你是谁，或者带着什么样的目的阅读这本书，你都会因为读了本书而受益，即使你不了解本章所描述的原则。假如你的主要目标是累聚财富或其他物质事物，则这点尤其明显。

这一章之所以包括在本书内，是因为本书的目的是展现一个完整的哲学，使每个人借此哲学可以正确地指引自己，获得人生中追求的一切。欲望是所有成就的起点。终极目标则是一种通达了解的知识——了解他人、认识自我、学习自然法则、认识和理解幸福。

只有通过熟悉和运用第六感原则，这种理解才能深入。

读完本章后，你必已注意到，自己已经被提升到了一个较高的心理刺激等级。好极了！一个月后再回到这里，重读一遍，你会注意到自己的心将飞向更高的刺激等级。如此反复进行，此时不要在意自己学了多少。到最后你一定会发现你已有一种力量，它使你能抛弃失意气馁、驾驭恐惧、克服拖延并能随意运用想象力。到那时，你已经感受到那个未知的“东西”了，这样东西是每一位真正伟大的思想家、作家、艺术家、商业领袖、政治家的原始驱动力。届时你将有转化欲望为实质的或经济等价物的能力，这种情形就和你一遇到挫折就立即放弃一样容易。

# 第 15 章
# 6 种恐惧

## 剖析自我，找出成功路上的“拦路虎”

亲爱的读者，当你读最后一章的时候，请检视一下自己，并找出究竟阻碍你前程的魔鬼有多少。

在能成功地运用本哲学的某个部分前，你必须做好准备接受它。准备工作很容易。从研究、分析和了解三样你必须去除的敌人开始，它们分别是犹豫、怀疑和恐惧。

只要头脑中有这3种或其中任何一种，第六感就无法发挥作用。这是3种紧密相连的邪恶的情感。找到一个，另外两个也就不远了。

犹豫不决是恐惧的幼苗！读本书时请记住这一点。犹豫不决会化为怀疑，两者结合在一起就是恐惧！“结合”过程基本都是缓慢的。这3个敌人为什么会如此危险，是因为有一个原因：在不知不觉中，它们逐渐萌芽、成长。

本章讲述的就是，必须先实现目标，然后才能实际应用整个哲学；本章还对许多人贫困的原因进行了分析，且叙述一项所有致富者需了解的事实。这种财富可以是金钱，还可能是比金钱更有价值的心态。

本章的目的，是关注造成6种基本恐惧的原因与补救的方法。我们必须知道敌人的名称、习惯和它的居住地点，然后才能征服敌人。阅读时，请仔细分析一下自己，并检视这6种常见的恐惧，可有任何一种——如果有的话——附在了你的身上。

别被这些狡猾的人的习性所骗了。有时候，它们会隐匿在潜意识中，在那里很难找出它们的位置，要想去除它们也更加困难。

## 6种基本恐惧

对于这6种基本恐惧，有些时候人们会苦于它们的某种组合。如果不受全部6种恐惧之害，还算是幸运的。以最常见的顺序来列的话，这6种恐惧

分别是:

恐惧贫穷

恐惧批评

恐惧病痛

恐惧失去爱情

恐惧衰老

恐惧死亡

其他恐惧都不及这 6 种，它们都可归类于这 6 种标题之下。

其中前 3 种恐惧是人们忧虑的根源。

其实，恐惧只不过是一种心理状态，而一个人的心态是可以引导和控制的。

人所创造的东西，必然都经过意念冲动形式构想而来。此后，还有一种更重要的观点，那就是: 人的意念冲动会立即转化为等价物质，不管该意念冲动是自觉的，还是不自觉的。碰巧得来的意念冲动（发自他人心智的思想），以及个人经由设计和计划而创造出来的意念冲动，也对一个人的经济、商业、职业或社会命运起到决定性作用。

很多人不明白为什么有些人似乎更加“幸运”，而有些在教育背景、能力、智力和精力等方面与之相当甚至更加优越的人，则似乎注定伴随着不幸，这个事实非常重要。这个事实似乎可以通过以下说法来解释: 每个人都有能力完全控制自己的心灵，而借助这种控制力，很显然地，一个人或者紧闭他的心智的门户，只接受自己选择的意念冲动; 也可以敞开心扉，吸收由他人脑中释放出来的游移不定的意念冲动。

只有一样东西，是自然让人天生就能绝对控制的，它便是思想。这项事实和“人所创造的东西皆始于意念”的事实连同起来，便能使个人距离征服恐惧的原则不远。

假如所有思想都有表现于等价物质的趋向是一个真理（而这的确是事实且不容怀疑），那么这也是一个真理：恐惧和贫穷的意念冲动，也无法化为勇气和经济利益的方式。

## 恐惧贫穷

贫穷的恐惧是最具破坏的恐惧。

贫穷和财富之间是无法折中的！通往贫穷和财富的路完全相反。假如你想要财富，就必须拒绝接受所有导致贫穷的环境（此处使用的“财富”一词，指的是精神、经济、心理和物质的资产，这是最广义的财富的解释）。欲望是通往财富之路的起点。在第1章中，你已得到适当利用欲望的完整指示了。本章则彻底地教你做好心理准备，在实际中使用欲望。

那么，这里就是给自己一个挑战的地方，你可在此处明确地判定你对本哲学了解了多少。这也正是你可以成为先知，进而精确地预测你有什么前途的一章。假如，读了此章后，你愿意接受贫穷，当然也可以决意这样做。这是一个你无法避免的决定。假如你要财富，那么要确定能让你满足的是何种财富，以及需要多少。你已经知道了通往财富之路，也得到了路线图，如果你循着地图走，就不会迷失。假如你不想开始或者半途而废，那么你自己就难辞其咎，这是你的责任。假如你现在无法或拒绝要求人生的财富，那么你就没有规避责任的借口，因为接受财富只需一样东西——附带一句，这是你唯一可控制的东西——心态。心理状态是个人显露出来的东西。它是必须被创造出来，且无法用金钱购买的。

## 最具破坏性的恐惧

恐惧贫穷是一种心态，没别的！但是它足够破坏一个人在任何事业中成功的机会。

这种恐惧会破坏人的想象力，摧毁理性，啃噬热情，扼杀自立，挫伤进取心，导致目标不定，助长懒惰，使人不能自制；它破坏准确思考的能力，使人失去个性中的吸引力，转移注意力；它会控制毅力，使意志力荡然无存，混淆记忆，摧毁志向，并以各种可能的方式引来失败；它扼杀爱，破坏心中的美好感情，阻挠友谊并引来各种各样的苦难，导致悲愤、失眠与不幸。虽然实际上我们渴望得到的东西充斥在我们所居住的世界中，而且除了缺乏明确目标之外，没有任何东西会横亘在我们与欲望之间，但我们还是会遭遇以上不幸。请相信这是事实，因为缺乏明确的目的，会导致上文列举的混乱、贫穷与罪恶。

无疑地，6种基本恐惧中最具破坏性的一种就是恐惧贫穷。它高居榜首，因为它是最难控制的，这是人类生来就有的恐惧。几乎所有比人类低等的动物都受本能驱使，但它们只会在身体上彼此掠夺，因为它们的“思考”能力不足。人类具备较优越的直觉感，所以具有思考和推理的能力，不会杀食同类，而是在经济上“吞噬”同类，来获得更大的满足。人是如此的贪得无厌，以致为了保护自己免受同类的侵害，会通过各种可能的方式。

带给人类屈辱和痛苦的莫过于贫穷了！只有经历过贫困的人，方能理解贫穷的所有意义。

也难怪有人害怕贫穷。人类已经确信，有些人不可信任，而金钱物质和世俗财产才是值得看重的。

也难怪人会害怕贫穷。通过世世代代的经验，人类必然已知道，有的人是信不住的，而世俗的财产和金钱不是这样的。

人是如此地渴望拥有财富，因此他会以任何可能的方式去占有，如果可能就使用合法手段；如果急需或权宜，也会通过其他的方式。

自我剖析可能会揭露个人不愿意承认的弱点。任何不满于贫穷和平庸的人，都有必要进行这种审视。请记住，在你逐点检查你自己时，你既是陪审团，也是法官；既是辩护律师，也是检察官；既是被告，也是原告；还有，你是受审者。公正地面对事实，问自己明确的问题，要求自己立即作出回答。检视结束后，你便会知道你是怎样一个人。如果在这项审视中，你觉得自己无法做一位公正的法官，那么请一位深刻了解你的人询问你自己。你必须去追究真相，不管付出什么代价，即使会暂时令你窘迫，也要去做。

大部分的人，若被问到他们最怕什么，都会回答："我无所畏惧。"这不是一个正确的答案，因为很少有人知道，他们受到某种恐惧的阻碍、束缚，受着精神与肉体上的打击。

由于恐惧情绪非常狡猾与深藏，有的人可能毕生受其害，却毫无察觉。唯有勇敢地分析，才能使人类这个共同的敌人显形。在你开始这种分析时，从你的个性深处去研究。以下列举了你该探寻的征兆。

## 恐惧贫穷的症状

（1）凡事漠不关心。最常见的表现是缺乏志向；情愿忍受贫穷；容忍贫穷，对于人生所给的任何不平，都毫无异议地接受；怠惰，可能是心理的，也可能是生理的；缺乏想象力、原动力、热情和自我控制。

（2）犹豫不决。允许别人代为思想，总是持观望态度。

（3）怀疑：为了掩饰、解释和辩白自己的失败，通常利用借口与托词，也表现为妒忌成功者，或批评他人。

（4）焦虑。通常表现为指责他人、有超前消费的倾向、不拘外表、蹙额皱眉、饮酒过度、紧张、缺乏镇定和自我意识。

（5）过度谨慎。习惯寻找某种消极负面情况，不注重寻找成功的方法，反而去考虑和讨论可能会有的失败。熟知所有导致灾祸的道路，却从不制订计划避免失败。总在等待“时机适当”，才要将计划和设想付诸行动，直到等待成了永久的习惯。忘记了成功的人，只记得那些失败的人。只看到面包圈的空洞，而忽视了面包圈本身。悲观，因而导致消化不良、排泄不畅、自动中毒、脾气暴躁、呼吸不顺。

（6）拖延。习惯性地将今天就应该完成的工作留到明天去做。实际上，只要省下寻找借口和理由的时间，完成工作根本不在话下。这项征兆与过分怀疑、谨慎、忧虑有着密切关系。只要能逃避，就拒绝承担责任。不愿意战斗到底，而是愿意与困难妥协，从不利用和控制困难，并作为进步的踏板，却向困难低头。不肯破釜沉舟、勇往直前，却总是计划着怎样承受失败。不去追求成功、机会、财富、满足和幸福，而是向生命索求蝇头小利。在自信、目标的明确、主动、抱负、热情、自我控制、节约和正确的推理能力等方面，不是有缺点，就是完全缺乏。不企图结交要求并获得财富者，而愿与那些安于贫穷者结交。

## 金钱万能

有人会问：“你为什么写一本关于财富的书？又为什么只用美元来衡量财富？”有些人会认为，世界上有比金钱更高的财富，这也是有道理的。确实存在非金钱能衡量的财富，但也有数百万人会说：“我可以得到任何我想要的东西，只要你给我所需要的钱。”

有几百万的男女被贫穷的恐惧吓坏了，这是我写这本关于怎样获得财富的书的主要原因。韦斯特布鲁克·佩格勒清楚地阐明了这种恐惧对人的影响：

钱只是金属圆片、贝壳或纸张而已，金钱买不到良心与灵魂的宝藏。但大部分破产的人，都未能将这点铭记于心里，从而振作起精神。当一个人完全找不到工作，落魄潦倒、流浪街头时，他的精神就会发生变化，从他歪斜的帽子、垂着的双肩，以及他的步伐和眼神中可以看出来。在有固定工作的人群中，总会有自卑感，虽然他明知他们在品格、才智与能力上，绝无法和自己相提并论。

而另一方面，这些人——甚至于他的朋友——则会感到优越，并视他（可能是无意地）为遭受创伤的人。他可一时借贷，但总不够他应对，而且他也无法长期靠借钱活命。当一个人的生活要靠借钱才能维持下去的时候，借贷本身就成为一种令人沮丧的事情，并且借来的钱没有振奋精神的力量，但赚来的钱有。当然，这种感觉只适用于有自尊或者有抱负的人，无业游民或不良分子，是不可能有这种体会的。

对于女士来说，哪怕她们处于这种境地，其感受也是不同的。说到贫困潦倒的人时，我们根本想不到女人。她们很少站在等待救济的队伍中，我们很少见到她们在街上乞讨，而且在人群中，她们也不像破产的男人一样有清晰可辨的特征。当然，我指的并不是那些老妇人，她们也可能在城市街道上蹒跚而行，就像那些游手好闲的男性乞讨者一样。我指的是那些相当年轻、聪明和高雅的女子。她们的失意并不明显，虽然这样的女人也不少。也许失意的女人都自杀了吧。

一个人在失业时，他便有沉思的时间。他可能为了一份工作而步行数英里拜访一个人，而当发现别人得到了这份工作时，或者发现这份工作无基本薪水、只有佣金可拿时，或售的东西是无用的杂物来赚取佣金——除了产生同情心的人外，不会有人买，他就会拒绝这份工作，又回到街上游荡，他无家可归。因此，他便走来走去。他看着商店橱窗里陈列着的他所买不起的奢侈品，心中深感自卑，但如果有感兴趣的人停下来观看，他就会让出位置来。他会游荡到火车站、图书馆取点暖、歇歇脚，但他还要继续流浪，而不是找工作。也许他并不知道，即使体形外貌并未流露出他的境况，但他的漫无目标已泄露出他的状况了——他是失业者。他也许在有固定的工作期间留下了好衣服，但这些好衣服也掩饰不了他的消沉，哪怕他穿着很整洁。

看着那些有工作的人个个忙忙碌碌，店员、会计、药剂师或车夫，从心底里羡慕他们。他们有自尊，享有自己的自立，还有男子气概，而他虽然时时极力争辩，且也获得有利于自己的结论，但就是无法让自己相信——自己也是个好人。

金钱造成了这种差异。只要有一点钱，他就能恢复自我了。

## 恐惧批评

没人能说清楚人最初是怎样产生这种恐惧的，但有一点可以确定——这种恐惧高于普通的恐惧。

作者倾向于认为，人类生来就具有批评恐惧，这是一种基本的恐惧，使人类不仅抢走他人的物品，而且通过批评他人的性格，使自己的行为合理化。众所周知，小偷会批评遭他偷窃的人；政客寻求职位时，通过诋毁对手的名誉而获得职位——他们凭借的方法不是表现自己的资格和德行。

机敏的服装设计师，利用这种对批评的基本恐惧（人类天生为其所苦）来设计时装。某些阶层人士每个季节的服装都要变化，决定款式的是谁？是服装设计师，而不是购买衣服者。他常常改变款式的原因何在？答案很简单，他改变款式的目的在于卖掉更多的衣服。

基于同一个理由，汽车厂商每个季度也更换车型。无人愿意驾驶旧式的车子。

我们刚刚描述了，在生活的琐事上人们因为恐惧而表现出怎样的态度。现在来研究，在比较重大的人际关系上，当人们被这种恐惧影响时，人们因为批评恐惧将表现出怎样的行为。比方说，对于某个到达心理成熟的人（一般平均在 35 ~ 40 岁之间），假如你能读出他心中不为人知的想法，你将发现他根本不相信数十年前大部分的教条主义者告诉他的神话。

但在今天的开明时代，为何一般人还是耻于承认自己不信神话？答案是，因为害怕批评。曾有男女因为大胆承认不信鬼神，而被绑在火刑柱上活活烧死。批评总带来严酷的惩罚，甚至有些国家到现在还是如此，所以难怪我们继承了一种恐惧批评的内心。

恐惧批评会剥夺人们的主动性，限制其个性，摧毁其想象力，夺走其自立，并以各种可能的方式摧毁一个人。父母经常批评孩子，给孩子带来的伤害是无法弥补的。我童年时期的一位好友，几乎每天都被母亲打一顿，被打完后他母亲总说："到不了 20 岁，你就得进劳改所。"他最终真的进了劳改所，当时才 17 岁。

批评是人们做的过多的一项工作。每个人总有一大堆的批评，无论有人要求与否，总是免费供应。最爱批评的基本都是最亲近的亲友。以下行为应该是一种罪恶：家长不必要的批评使孩子内心产生了自卑感（实际上它是情节最严重的一种罪过）。善解人意的雇主，并不利用批评，而是利用建设性建议来挖掘雇员的最大长处。在孩子身上，父母也可以得到同样的效果。批评不会在心中建立关怀和爱，而是种植憎恨和恐惧。

## 恐惧批评的症状

这种恐惧的普遍性，与贫穷的恐惧相同，对个人成就有同样的致命影响。这种恐惧的主要症状是：

（1）自我意识。通常的表现是紧张，与陌生人会面或交谈时，手足动作笨拙，目光游移不定。

（2）缺乏镇静。表现为在他人面前紧张、语调缺乏控制、身体姿势不良、记忆力差。

（3）没有个性。缺乏个人魅力、决断力及清晰表达意见的能力。有逃避或不正视问题的习惯。对他人意见不加深思就贸然同意。

（4）自卑。为了掩饰自卑感，在行为上或口头上习惯性地表现出自我赞许；为了给人留下深刻的印象，使用“生僻字眼”，但基本上不理解那些字眼的准确意义；模仿他人的言谈、衣着和举止；夸张想象中的成就，这一点有时会造成一种优越感的表象。

（5）挥霍无度。试图像有钱人一样花钱，透支花费。

（6）缺乏进取心。无法掌握自我精进的机会，害怕表达观点，对自己的构想信心不足，回答上司所问的问题时支支吾吾，态度与谈吐显示出犹豫，言行虚伪。

（7）缺乏抱负。身心俱懒。缺乏主见，易受影响；人前奉迎，人后批评，迟迟不作决定，习惯于毫无异议地接受失败，或因他人提议而中止工作；毫无理由地质疑他人，举止与谈吐生硬尴尬，犯错误而不愿接受指责。

## 恐惧病痛

这项恐惧可追溯到社会和身体的遗传特点。它的根源，与死亡恐惧和年老恐惧的理由密切相关，因为它会带领个人接近“恐怖世界”的边缘。关于这个世界，人们听见过一些使人担忧的故事。同时，一种相当普遍的观点认为，某些邪恶之徒，通过提醒人们对病痛的恐惧而从事“贩卖健康”的生意。

总的来说，人会害怕病痛的原因是，他心中对于死亡可能带来的结果产生了恐怖的印象。他怕生病，也可能是因为经济上的负担沉重。

一位著名的医生曾估计，在所有找医生看病的患者里面，忧郁病（即假想的疾病）患者占到了75%。据可靠的事实显示，即使无丝毫可以恐惧的原因，病的恐惧在身体上也经常产生疾病的病症。

人类的心理作用真是强大而有力！它不是建设就是毁灭。

利用这股普遍害怕病痛的弱点，专业药品的药剂师大发一笔。这种利用人性的欺骗行为在数十年前非常普遍，以致柯里尔杂志领导一项活动，强烈反对专利药品生意中的邪恶之徒。

若干年前，有人进行了一次实验，证明了人们会因为暗示而生病。进行这个实验时，请了三位熟人去拜访“受害者”，每人问一个问题。“你到底患什么病？你看起来病得很严重啊。”受害者对第一个发问者通常会笑一笑，并且不在乎地说:“没有病，我很好。”第二位问话人经常得到这样的答案:“我很清醒，但是我确实觉得不太舒服。”在面对第三位问话人时，“受害者”直接承认自己真的病了。

如果你不相信这会使人变得不舒服，找个熟人试验一下，但要注意分寸。有一个教派的会员认为这是在受害者身上“下咒”，是用巫术来报复敌人的做法。

有充分的证据显示，疾病有时以消极的思想冲动开始。这种思想冲动可以用暗示的方法，可能在自己的内心中产生，或者由一个人传给另外一个人。

智慧程度高出这种暗示的一名男子曾说：“有人问我是否生病了，我总想回敬他一拳。”

因为“心态”的改变是必要的，所以医生为了病人的健康会要求他换个环境，每个人心中都有恐惧病痛的种子。恐惧、焦虑、沮丧、事业与情场失意，都会促使这颗种子发芽、长大。

事业和情场的失意，常被认为在恐惧生病的原因中居于首位。有一个青年因爱情不顺而进了医院，他有好几个月的时间都可能随时丧命。为了给他治疗，医院请来一位心理学家。这位专家更换了护士，让一位漂亮的年轻女性来照顾他。她从接受这项工作的第一天起，就又唤起了青年的情感（这件事是由医生主导的）。三周以后，虽然这病人的病还没有好，但已经可以出院了，虽仍痛苦，却是全然不同的病。他又恋爱了。这帖灵丹妙药虽是一个骗局，但是病人与护士后来真的结婚了。

## 恐惧病痛的症状

这项几乎是全球性的恐惧，其征兆有：

（1）负面的自我暗示。习惯于消极地使用自我暗示，总是期待并寻找各种疾病的症状。“喜欢”想象得病，在谈起病情时好像是真的。习惯于尝试他人推荐的医疗价值的“学说”和“时尚”，认为这些东西有价值。与他人谈论手术、意外及其他疾病的种类。在饮食上进行实验，锻炼身体、减肥，而且没有专业指导。尝试专利药品、家庭药方和“江湖郎中”的药。

（2）忧郁症。习惯注意疾病、谈论疾病、猜测自己会生病，终至最后精神崩溃。这种情况是药瓶里的药不能治疗的。它源自消极的思想，只有积极的意念才能产生效果。据说有时这种想象病（一种假想疾病的医学名词）的伤害力，和个人所担心的疾病对人造成的伤害一样大。想象的疾病中的绝大部分是所谓的“精神”疾病的根源。

（3）缺乏锻炼。恐惧病痛常会使人懒于户外活动，适当体能运动的缺乏导致体重过重。

（4）易感性。恐惧疾病会破坏身体的自然抵抗力，并创造合适的环境刺激疾病的感染。疾病恐惧经常和贫穷恐惧密不可分，尤其是在假想的情况下，人们会一直担心可能要承担的医疗费用。这种人在准备生病、谈论疾病、存钱买墓地和付丧葬费等方面，会花费大量的时间。

（5）自怜。习惯用想象的疾病引人同情（为了逃避工作，人们经常使用这种手段）。为了掩饰懒惰，总是习惯装病，装病也是缺乏抱负的借口。

（6）放纵。不寻找病因并根治，而是习惯利用毒品和酒精镇压头痛、神经痛等痛苦。

（7）焦虑。喜欢阅读有关疾病文章和专利药品的广告，沉醉于可能染上某种疾病的幻想中。

## 恐惧失去爱情

很明显，男人有窃取他人之妻的多妻习性，只要可能他们随时想轻薄女人，这种习性是恐惧失去爱情的根源。

人类天生就害怕失去某人之爱，这是妒忌和其他类似的精神疾病的根源，6种恐惧中最痛苦的就是失去爱的恐惧。相比于其他的基本恐惧，该恐惧更能大肆地破坏个人的身心。

丧失爱的恐惧也许可追溯到石器时代，那时候，男人通过暴力夺取女人。

虽然目前男人也在这样做，但他们改变了抢夺的技巧。他们现在利用说服、许之以华服或名车等“诱饵”来实现对女人的占有，而不再是暴力地抢夺。相比于暴力，这些手段更加有效。现在男人的习性仍如文明曙光出现时一般，只是表达的方法不同。

谨慎的分析显示，女人比男人更易感受到这种恐惧。这一点不难理解。经验告诉女人，在天性上，男性是一夫多妻的，当另一个女人照顾男人时，这个男人就不可靠了。

## 恐惧失去爱情的症状

这种恐惧明显的征兆有：

（1）妒忌。没有充分合理的证据便猜疑所爱的人与友人，毫无理由地指责配偶不忠。不信任任何人，总是怀疑他人。

（2）挑剔。习惯于毫无理由地或者因为小问题而挑剔亲人、朋友、同事和所爱的人。

（3）赌博。为了讨好所爱之人，竟然养成了赌博、偷窃、欺骗或冒险等习惯，为所爱的人提供金钱，相信用金钱可买到爱。为了取悦爱人，为了给爱人买礼物，经常透支花费，呈现出失眠、意志软弱、缺乏毅力、缺乏自制和坏脾气等现象。

## 恐惧年老

总体来说，这种恐惧的来源有两个：第一，认为老年将导致贫穷；第二，过去错误而残酷的教训，这也是最普遍的来源，这里包括一些恐怖的思想和事物，以及狡猾设计的“炼狱”，目的是通过恐惧的手段实现对人的控制。

在人们这种对老年的基本恐惧中，有两个非常传统的理由：一是其他同类可能窃取他在俗世中的钱财，这让他产生了一种不信任感；二是他害怕死后面对恐惧的世界，这种世界存在于他的内心中。

人到了老年，就更加容易生病，这也是助长恐惧老年的原因之一。怕老的原因也包括性爱，因为所有人都讨厌性吸引力的减退。

最普遍的恐惧年老的原因与可能的贫穷有关系。“养老院”这个词一点都不动听。不管是谁，只要一想到要在养老院中度过余生，心里就不免凉了半截。

失去自由和独立的可能性是另一个害怕年老的原因，因为丧失身体和经济两方面的自由，可能是年老造成的后果。

## 恐惧年老的症状

这种恐惧最普遍的迹象有：

（1）早衰。心理成熟的年龄大约是 40 岁，在这之后，人就开始行动迟缓，并产生了一种自卑感，错误地认为个人的自我正因年龄而流逝（其实，一个人的黄金时期正是 40~60 岁，不管是身体的，还是心理的）。

（2）因年龄而致歉。只因自己四五十岁了就习惯地提到自己“不中用”了。恰恰相反，一个人应该感激到了这个充满智慧和领悟的年龄。

（3）不思进取。因错误地认为自己太老，无法运用这些特质而扼杀了进取心、想象力和自制。

（4）故作年轻。40 岁的人习惯追求年轻人的癖好和服饰，结果经常被陌生人和朋友们笑话。

## 恐惧死亡

对于有的人来说，在所有的恐惧中，就属这种最残忍。原因很简单，人类对这个问题已经问了几百年:“我来自哪里？”和“将要到哪里？”直到现在，这两个问题都没有答案。也就是，我来自何处？该往何处去？产生这种恐惧的最根本原因是，对“未知”的不理解。

在过去黑暗的时代中，那些狡猾而又机灵的人，总能把握机会，为了获得报酬，毫不犹豫地对这些问题作出答案。

一位深怀门户之见的领袖喊着说:“加入我，拥抱我的信仰，接受我的教条，我将给你死后直达天堂的通行证。”他又喊着说:“如果你不加入我你就会被恶魔抓走，永远地被焚烧。”

永远受罚的思想摧毁了生活的意趣，使快乐成为不可能之物。

虽然宗教领袖也许没有提供前往天堂的通行证的能力，也没有为不幸的人谋得福祉的能力，但是可能进入地狱的念头实在太可怕了，只要一提起，人的想象力就会被抓住，而且想象力是那么的生动，甚至让人冷漠、麻木，变得贪生怕死。

相比于科学不发达的时代，现在人们对死亡的恐惧已经不那么广泛了。科学家已将注意力转向这个世界，在真理面前，人们逐步逃脱死亡的可怕恐惧。读过大学的年轻人，不会再轻易地害怕炼狱。依靠着天文、生物、地理及其他有关科学，黑暗时代攫获人心的恐惧已不复存在。在黑暗时代紧紧抓住人的灵魂的这种恐惧，已开始被驱散。

能量和物质是组成这个世界的两种东西。根据基础物理，我们知道能量和物质（人类已知的两个仅有事实）都无法被毁灭。

假如说生命必然是某种东西，那么它就是能量，如果物质和能量都不能被摧毁，那么生命也不能被摧毁。就像其他的能量形式一样，生命可以通过不停的变化或转化而传承下去，但绝对不能够被摧毁，实际上死亡只是一种转化形式。

假如死亡不只是转化或者是改变，那么在死亡之后，我们将面临永恒、漫长而又安静的休眠，我们不需要害怕休眠，所以你可以永远消除对死亡的恐惧。

## 恐惧死亡的症状

这种恐惧的总体症状为，没法尽情地享受生活，习惯性地担忧死亡，这基本是没有合适的工作及缺乏目标的缘故。年龄比较大的人会经常产生这种恐惧，但有些年轻人也时常担心死亡。

追求成绩的强烈欲望，是克服死亡恐惧的灵丹妙药。一个人在忙起来的时候就没时间想到死亡了，支持此欲望的就是对人类有用的工作。

有的人担心自己的死亡会让亲朋好友陷入贫困，所以死亡恐惧与贫困同样有关系。

有时抵抗力差和身体的病痛也与死亡恐惧有关。最常见的死亡恐惧的原因有：贫穷、健康状况不佳、没有合适的工作、精神错乱、爱情失意。

## 忧　虑

忧虑是因恐惧而产生的一种心理，它的作用持久而缓慢。它一步步地“扎下根”，直到使人丧失健全的理智，摧毁人的进取心和自信心，可见它是多么狡诈而阴险。忧虑是一种持续性恐惧，它是由犹豫不决引起的，因此，这种心理状态是可以控制的。

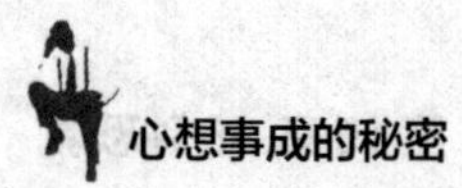


不安定的心是无助的。不安的感觉是犹豫不决造成的。多数人缺乏迅速下决定的意志力，以及下了决心后持之以恒的力量。

我们下定决心，并根据确定的路线采取行动时，是不可能感到忧虑的。我曾访问过一名男子，他在两小时后就要坐电椅了。他的囚房里有 8 个人，他是其中最镇静的一个。我对他的镇静感到非常好奇，我问他："你马上就要进入永恒之境了，你知道吗？你有什么感想？"他脸上挂着自信的微笑说："感觉还不错，老兄你想想，我很快就要结束这烦恼的日子了。我这一辈子除了困难之外别无他物。我一直认为人要付出很多辛苦才能吃饱穿暖，现在我很快就要抛下这些东西了。当我确定我必死无疑的时候，我就一直觉得很畅快。当时我就下定决心，用愉快的心情迎接我的命运。"

说话的同时，他狼吞虎咽地吃了三人份的晚餐，一口都不剩，看起来非常享受，好像根本没有任何灾难摆在面前一样。决心使此人听天由命！决心也可以使一个人拒绝接受逆境。

6 种基本的恐惧会通过犹豫不决，转化为忧虑状态。如果你承认死亡为不可避免之物，你就让自己永远都不会因死亡而感到恐惧。借着下决心靠所得财富过上无忧无虑的生活，你就不再对贫穷恐惧。如果你下定决心不在意他人的想法、说法或做法，你可以战胜对批评的恐惧。如果你下定决心认为老年不是一种障碍，而将其视为一项会带来年轻时所没有的智慧、自制和领悟的一大幸事，你就不会对老年感到恐惧。如果你下决心忘记病症，你就能免除对病痛的恐惧。如果你下决心在必要情况下过没有爱的生活，就可以控制对失去爱的恐惧。

下定一个彻底的决心，就算是生命所提供的所有东西都没有忧虑的必要，也不再动摇。有了这种决心，便能产生镇定、心灵的宁静，以及会带来幸福的安详和思想。

心中充满恐惧的人，不仅会摧毁表现自我的机会，而且会把破坏性的震波发射出去，波及所有与他接触的人，同时也会摧毁他们的机会。

如果主人缺乏勇气，他的狗和马也会有所感受；此外，狗或马也将接受到主人所传达出来的恐惧震波，并产生同样的情绪。能够接收恐惧震波的，还包括一些智力水平较低的动物。

## 破坏性思想的灾害

恐惧的震波会从一个人传给另一个人，其速度，如同人的声音从广播电台播出传达给收音机一样。

第一，有口中话语表现破坏性的和消极负面的思想的人，我们可以肯定地说，他们必要承受破坏性“反弹”方式所造成的恶果。单纯的破坏性意念冲动，如果没有经过言语的表达，也会以多种方式产生“反弹”。最该记住的，也是最重要的一点是，释放出破坏性意念的人，将因创造型想象力的破坏而造成损失。第二，心中出现破坏性情绪，会发展成拒人于千里之外的消极个性，甚至把一般人变成敌人。喜欢或释放出消极思想的第三个害处是以下这个重要的事实——这些意念冲动不只对他人有害，也会在他们的潜意识中暗藏起来，并在那里成为人格的一部分。

假设获得成功是你的生活目标，你就必须有平和的心态，尤其是当你想要获得生活的物质需求，以及最重要的、想要得到的幸福时。意念冲动的形式是成功所有迹象的开端。

你要控制自己的心理，你有能力根据你所选择的任何意念冲动去培养性格。因为你有这些特权，所以你也有责任建设你的心理。你控制着你在这个世界里的命运，就好比你有控制自己思想的能力。你可以影响、指导进而控制你自己的环境，创造自己想要的人生——所以你可以在无边无际的“海洋中”徜徉，你就是居无定所、随波逐流的，就像是海洋中的一块小木屑。

## 魔鬼的工作室

除了6种基本恐惧之外，还有一种邪恶的力量让人承受无尽的痛苦。它提供了一片肥沃的土地，供失败的种子成长。它的存在非常暧昧，所以它的存在经常不被人们察觉。这种痛苦无法适当地归类为某种恐惧。相比于其他恐惧，这种恐惧隐藏得更深，而且更致命。我们暂且称它为“对消极影响的易感性”，因为我们想不到更好的名字。

成为巨富的人总是保护自己免受灾祸的波及，而处于贫困中的人则从没做到这点。不管是哪个行业中成功的人，都一定要具有准备抗拒这种灾祸的心理。假如读本哲学的目的是致富，你就应该仔细反省自己，衡量自己是不是容易被影响的人。如果你忽视了这项自我分析，你原可享有希望的权利将会被剥夺。

分析时要深入。在读过了自我分析清单上的问题之后，你必须要求自己作出慎重的回答。就好像有一个敌人藏起来了，他随时要对你的缺点下手，你要找到这个已知的敌人（就像你应对一个现实存在的敌人那样）。

你可以很容易地保护自己免受公路强盗的袭击，原因是为了保护你的权利，法律提供了有组织的合作，但“这第七种邪恶力量”实在难以控制，因为它总在你根本就注意不到的时候袭击你，不管你是清醒的，还是熟睡的。此外，这种武器纯粹是一种状态，它是无形的。之所以说这是一股危险而又邪恶的力量，是因为它会以各种各样的方式对你发起攻击。有时候，它会通过亲友好意的字眼进入心中，有些时候它会从内心挣扎而出，它就像毒药一样致命。

## 如何保护自己不受消极因素的影响

要对抗消极影响力（无论是身边消极情绪者的行为造成的，还是自己创造的），你就必须意识到“我有坚强的意志”，并经常使用，直到它在你心中筑起一道抵抗消极影响力的免疫壁垒。

认清事实，在天性上，你和其他人一样，都是懒惰、冷漠、易于接受与自己弱点一致的暗示。

要知道，从天性的角度来说，6种恐惧很容易影响你，所以你要养成对抗这些恐惧的习惯。

要知道，消极影响力往往会通过你的潜意识，对你产生影响，所以你很难察觉到它们，更别提关紧心灵的大门，抵抗所有以任何方式挫伤或打击你的人。

清除你的药箱，丢掉药罐，不要再去迎合疼痛、感冒及不适合想象的疾病。

刻意结交让你为自己思考和行动、能影响你的人。

别预期麻烦困难，因为它们可能让你失望。

无疑，敞开心灵接受他人消极影响的习惯，是人类最普遍的弱点。这是一项非常危险的弱点，因为大部分的人感受不到自己受到的伤害，而许多体会到它的人，要么拒绝要么忽视纠正这项问题，直到它终于成为日常习惯中的一部分，那时人们就对它无能为力了。

为了帮助希望了解自己的人，笔者特意准备了一份问卷。对于下面这些问题，请认真地思考，并大声说出你的答案，这会让你更容易相信自己。

**自我分析问题测试**

（1）你经常抱怨“不舒服”吗？如果是，是何原因？

（2）你会为极琐碎的事指责别人吗？

（3）你是否在工作上常有差错？若是如此，原因何在？

（4）你的言谈尖刻、伤人吗？

（5）你是否刻意避免与人结交？是的话，为什么？

（6）你是否常有消化不良的烦恼？若如此，有何原因？

（7）你是否认为生活无聊无益、未来无望？

（8）你喜欢自己的工作吗？不喜欢的话，为什么？

（9）你是否常常自我怜惜，若是如此，为什么？

（10）你忌妒那些比你优秀的人吗？

（11）你花最多时间的是哪一个：思考成功，或思考失败？

（12）当你年岁增大时，你是增加信心还是失去信心？

（13）你从错误中吸取过宝贵的教训吗？

（14）有某位亲戚或熟人正令你担忧吗？有的话，为什么？

（15）你是否有时兴高采烈，而有时深感沮丧？

（16）谁对你最具有激励作用？原因是什么？

（17）你是否容忍或者避免负面或气馁的影响？

（18）你注重个人仪表吗？你对注重或不注重仪表的人评判如何？

（19）你学会忙忙碌碌，以“淹没困难”从而摆脱其干扰了吗？

（20）假如让别人来代你思考的话，你会称自己为“没主心骨的弱者吗”？

（21）你是否忽视内心的洁净，以致自我中毒，使你脾气变坏而易于发怒？

（22）有多少本来可以预防的干扰令你苦恼？为何你要容忍它们？

（23）你为了“安定神经”而耽溺于过量的烈酒、麻醉剂或香烟吗？有的话，为何不尝试以意志力来取代呢？

（24）有人对你唠叨不休吗？若是，是何原因？

（25）你有明确的人生目标吗？如果有，是什么？你用什么计划来实现这个目标？

（26）你遭受六种恐惧之苦吗？有的话，是哪些？

（27）你有何方法能防止自己遭受别人的消极影响？

（28）你刻意应用自我暗示来激发积极心态吗？

（29）你最珍惜以下中的哪一个？物质财富，抑或控制自己意念的权利？

（30）你容易受到别人的影响而不信自己的判断吗？

（31）今天你的知识宝库或心态添加过任何有价值的东西吗？

（32）你能公正地面对使你不快乐，或规避责任的环境吗？

（33）你是否能分析所有错误和失败的原因，而从中获益？或是采取“这不是我的过错”的态度？

（34）你能说出自己的三种最大弱点吗？你打算如何弥补？

（35）你是否因同情而助长他人将其忧虑带给你？

（36）你是否从日常经验中选择了有助于你上进的教训或影响？

（37）你的表现通常给他人带来消极影响吗？

（38）他人何种习惯最令你苦恼？

（39）你是有自己的主见，还是让自己受别人的影响？

（40）你是否已经学会营造一种心态，以抵御所有令人气馁的影响力？

（41）你的工作能激发你的信心和希望吗？

（42）你觉得有没有充分的精神力量，能使你的心理免遭各种恐惧？

（43）你的信仰能帮助你常葆积极精神吗？

（44）你认为分担他人忧虑是你的责任吗？是的话，为什么？

（45）如果你相信“物以类聚，人以群分”，那么研究你所结交的朋友，看他们对自己有何了解？

（46）你和与你交往最密切的人是一种什么关系？这种关系有可能造成任何不愉快吗？

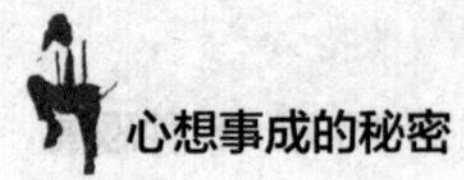


（47）你视为朋友的人，有没有可能实际上是你最大的敌人，因为他对你的心灵有负面的影响？

（48）谁对你有益，谁对你有害，你能以何种原则来评判？

（49）在一天24小时中，你花多少时间：

①工作；

②睡眠；

③娱乐与休闲；

④获取有用知识；

⑤无所事事。

（50）你的朋友中有谁——

①最能激励你？

②最会劝你小心？

③最会挫败你？

他们各占多少比例？

（51）你的最大烦恼是什么？你能容忍吗？为什么？

（52）当别人主动提供免费建议时，你会毫无疑问地接受，还是会分析其动机？

（53）你最渴望的是什么？你打算获得它吗？你愿意为它而压抑其他的欲望吗？你每天为了获得它奉献多少时间呢？

（54）你常改变你的决心吗？若是，为什么？

（55）你做事通常都能善始善终吗？

（56）你是否容易对他人的事业或职业头衔、学位或财富印象深刻？

（57）别人对你的想法、说法与做法，能够接受吗？

（58）你会因为别人的社会或经济地位而迎合他们吗？

（59）你认为谁是当今最伟大的人？这个人在哪方面比你优越？

（60）你花了多少时间研究并回答这些问题？（至少需要1天的时间，才能分析和回答全部的问题）

假如你对这些问题做了如实的回答，你就能比大多数的人更了解自己。仔细研究这些问题，每个星期复习一次。过几个月，你就会震惊地发现，这种方法虽然非常简单，但能帮你真正地认识自己。假如你对于当中一些问题的答案不太确定，你可去找你的朋友，但这些人对你不能有奉承动机，你可以通过他们的眼睛来看自己。此种经验将令人惊讶。

## 你唯一能绝对掌控的东西

你的意念是你能绝对掌控的一样东西。在人类已知的事项中，这是最具鼓舞力量和意义的，它反映了人类享有的神圣特权。你控制自己命运的唯一途径就是这项神圣的特权。如果你连自己的意志都不能掌握，那对于其他任何事物，你也一定无法掌握。假如你一定要轻率地处理属于自己的资产，希望它只是关于物质的东西。你的精神财富是意志！这是上天赐予你的财富，你要小心呵护和使用。为此，上天还赋予你一项意志力。

很不幸地，对于那些用消极的暗示来毒害他人心灵的人（不管是有意的还是无意的），我们没有法律可对抗。其实，这种破坏行为应该受到合法的惩罚，因它可以且经常摧毁个人获得法律保护的物质财富的机会。

怀着消极心理的人，会试图说服爱迪生，说他不可能制造出一种能记录并复制人类声音的机器，他们说："没有人制造过类似的机器。"爱迪生并不相信他们。他知道，人类能制造出心所能设想和相信的东西。正是这种认识，爱迪生成为一位不凡的人。

怀着消极思想的人也曾告诉伍尔沃斯，如果他想开一家五分一角零售商店，就一定会赔个精光。他并不信这些人的话。他很清楚，如果自己的计划有信心的支撑，就没有他做不成的事情。他摒弃他人的消极暗示，运用自己的权利，最终成了亿万富翁。

福特在底特律街上试验他初次制造的雏形车时，心存怀疑的人就曾鄙视他、嘲讽他。有些人说，没人会花钱买这种玩意儿。有些人则说，这种东西绝不实用。福特说："我要用它绕地球飞奔一圈。"他成功了！追求巨额财富的人请记住这点：福特有心智，而且控制了自己的心智，这是福特和许多工人之间唯一的不同。其他的人也有心智，但他们不曾努力去控制它。

自律和习惯的结果是对心智的控制。要么被心智所控制，要么就控制心智，没有中间的妥协状态。最实用的控制心智的方法，是有一个明确的目标和计划。研究所有有可能成功的人的经历，你会发现他能控制自己的心智。此外，他还应用那股控制力，并引导它达到明确的目标。要想获得成功，就必须有这股控制力。

## 55种常用的"假如"托词

不会成功的人有明显的共同特点。他们对所有失败的原因都非常清楚，而且为了给自己的失败开脱，他们都有他们自认为无懈可击的借口。

这是一些很聪明的借口，有些则有事实佐证。但托词不能当作金钱来用。世人只想知道事情只有一件——你成功了没有？

一位性格分析家编了一份清单，里面囊括最常用的借口。请一边细心检讨你自己，一边阅读这份清单，从而判定自己经常用了这份清单中的哪些借口。也请记住，书里呈现的哲学将使每一项借口都作废无效。

（1）假如我没有成家……

（2）假如我有足够的“势力”......

（3）假如我有资金……

（4）假如我受过良好教育……

（5）假如我能找到一份工作 ......

（6）假如我身体健康……

（7）如果我有充裕的时间 ......

（8）假如生能逢时 ......

（9）假如人家理解我 ......

（10）假如周围的情况是另一番景象……

（11）如果我能再一次重生 ......

（12）假如我不在乎“他们”说的话 ......

（13）假如我曾经有机会 ......

（14）假如我现在有机会 ......

（15）如果别人不怀恨我的话 ......

（16）假如没有什么能阻挡我……

（17）假如我年轻些 ......

（18）假如能照我的意思去做 .....

（19）假如我生在富贵之家……

（20）假如不是所遇“非人”的话 ......

（21）假如我具有他人的才能……

（22）假如我敢保卫自己的权利……

（23）假如我曾抓住机会 ......

（24）假如没有人刺激我……

（25）假如我不用料理家务和照顾孩子 ......

（26）假如我可以攒点钱……

（27）假如老板欣赏我……

（28）如果有人拉我一把的话……

（29）假如家人理解我……

（30）假如我住在大城市……

（31）假如我能早一步……

（32）假如我有时间……

（33）假如我有他人的个性……

（34）假如我不这么胖……

（35）假如人家知道我的才能……

（36）如果我走运的话……

（37）如果我有负责任的能力的话……

（38）假如我没有失败……

（39）如果我知道诀窍……

（40）假如没有人反对我……

（41）假如我没有这么多烦恼……

（42）如果我没有选错结婚的对象……

（43）假如人们不这么笨……

（44）假如我的家人不这么浪费的话……

（45）假如我对自己有信心……

（46）假如我不是运气太差……

（47）假如我不是生来命苦的话……

（48）假如“该是什么就会是什么”是不正确的……

（49）假如我不必太辛苦的话……

（50）假如我没有损失钱财……

（51）假如我住在不同的地区……

（52）假如我没有“曾经”……

（53）假如我有自己经营的事业......

（54）假如别人肯听我的意见......

（55）假如……这是所有假如中最重要的一个……

假如我有面对自我的勇气，我将能找出自己的缺点，并加以改正，那么我就可能有因错误而受益的机会，并从他人的经验学到一些教训，因为我知道我自己有些缺点。假如我在分析自己的问题上花费了很多时间，在寻找借口来掩饰弱点上少花时间，我早就到了该有的水平上了。

所有人都有一个不知疲倦的习惯——寻找借口为失败辩护。这是一个古已有之的习惯，而且是成功的致命伤！那为何人们还要依附着他们自鸣得意的托词呢？答案很简单。他们守卫着自己的借口，因为他们是这些借口的创作人！一个人的借口就是他自己想象力的孩子，而人的天性就是维护自己的智慧。

制造借口是人类难于破除的、根深蒂固的习惯，尤其当它们可为我们的行为提供辩护时。柏拉图深明此理，所以他说：“战胜自己便是最大最好的胜利。所有的事情中，最可耻与最恶劣的就是被自我征服。”

另一位哲学家也持有同样的观点。他说：“让我震惊的是，我发现我在别人身上看到的大部分丑恶，只不过是我自己本性的反射。”

“我实在难以理解，”艾伯特·哈伯德说：“人们在刻意创造借口掩饰弱点来愚弄自己方面，为什么会花费了那么多时间？假如用在不同的地方使用这些时间，足够用来将缺点改正，那么就再也不需要借口了。”

结束前，我要提醒你：“生命就像一盘棋，时间就是你的对手。假如你不能迅速行动，或者举棋不定，时间就会吃掉你的棋子，因为同你下棋的是一位残忍而冷漠无情的对手，它是无法容忍犹豫不决的！”

曾经你也许有一种合理的借口不去追求你的理想，但现在你已掌握了开启通往丰富人生财富之门的万能之钥，那个借口已毫无用处。

万能之钥力量强大，哪怕它没有实体！它就是在你心中创造强烈欲望、让你获得确定财富的权利。不使用这支钥匙需付出代价——失败；使用它却不会受罚。假如你使用此钥，将会获得极大的报酬。这个回报就是满足感，因为你会征服自我，向生活索取回报。

这是值得你努力的报酬。你愿意开始并相信吗？

不朽的爱默生曾说："假如我们有缘，我们就会邂逅。"最后，让我借用他的思想说："假如有缘，通过本书，我们已经邂逅。"